Matthias Ottmann, Stephan Lifka
Methoden der Standortanalyse

Geowissen kompakt

Herausgegeben von
Hans-Dieter Haas

Matthias Ottmann, Stephan Lifka

Methoden
der Standortanalyse

Die Deutsche Nationalbibliothek verzeichnet diese Publikation
in der Deutschen Nationalbibliografie;
detaillierte bibliografische Daten sind im Internet über
http://dnb.d-nb.de abrufbar.

© 2010 by WBG (Wissenschaftliche Buchgesellschaft), Darmstadt
Die Herausgabe des Werkes wurde durch
die Vereinsmitglieder der WBG ermöglicht.
Redaktion: Christiane Martin
Satz: Lichtsatz Michael Glaese GmbH, Hemsbach
Umschlaggestaltung: schreiberVIS, Seeheim
Gedruckt auf säurefreiem und alterungsbeständigem Papier
Printed in Germany

www.wbg-wissenverbindet.de

ISBN 978-3-534-23094-5

Inhalt

Vorwort

Das Auseinandersetzen mit räumlichen Problemstellungen aus Unternehmenssicht spielt für die Wirtschaftsgeographie und die späteren beruflichen Felder von Geographen eine zentrale Rolle. Damit stellt sich die Frage nach den Methoden, die für das erfolgreiche Durchführen von Standortanalysen geeignet sind.

Das vorliegende Lehrbuch verfolgt das Ziel, einen umfassenden und praxisorientierten Einblick in die Methodik der Standortanalyse zu geben und ihren Gebrauch auf anschauliche Art und Weise darzustellen. Der Methodenbegriff umfasst dabei sämtliche Grundsätze und Hilfsmittel, die zur räumlichen Entscheidungsfindung unterstützend herangezogen werden können. Dies beinhaltet sowohl eine prozedurale Sichtweise bezüglich der Durchführung einer Analyse als auch eine instrumentelle Perspektive auf die dafür geeigneten Werkzeuge.

Auf wissenschaftlicher Ebene möchte das vorliegende Buch eine stärkere Verknüpfung von Standort- und Entscheidungstheorie anregen. Gestützt auf das theoretische Fundament der Entscheidungsanalyse wird das in der Unternehmenspraxis gebräuchliche Methodenspektrum um wissenschaftliche Ansätze erweitert, die – im Gegensatz zu den klassischen Ansätzen der Standorttheorie, deren Sicht sich auf finanziell bewertete Ergebnisgrößen reduziert, ohne die Ursachen und Ergebnistreiber transparent zu machen – in der Lage sind, die wesentlichen Anforderungen an praktikable Entscheidungshilfen zu erfüllen. Auf diese Weise soll in diesem Buch die Lücke zwischen den beiden in der Literatur bisher weitgehend getrennten Perspektiven der normativen Modellierung und der deskriptiven Betrachtung realer Entscheidungsprozesse geschlossen werden, was eine neuartige Problemsicht eröffnet, die anhand von praktischen Beispielen präsentiert wird.

Das Werk richtet sich an eine Leserschaft aus Forschung und Lehre – in erster Linie der Geowissenschaften und Wirtschaftswissenschaften mit räumlichen Schwerpunkten an Universitäten und Fachhochschulen – sowie an Entscheider und Anwender, die Impulse für Standortanalysen in der Unternehmenspraxis suchen. Dem Konzept der Buchreihe entsprechend ist die Arbeit als Handbuch konzipiert und knapp gehalten. Es beinhaltet daher eine Sammlung von Quellen, die der Leser als zusätzliche Hilfe oder weiterführende Information nutzen kann.

Unser Dank gebührt Frau Simone Schoberth und Frau Christiane Martin, deren gewissenhafte Korrekturarbeiten außerordentlich wertvoll für uns waren.

München, im Januar 2010

Matthias Ottmann und
Stephan Lifka

1 Standortplanung als Herausforderung an die Unternehmensführung

1.1 Warum ein Buch über die Methoden der Standortanalyse?

Standortentscheidungen bewirken meist eine langfristige Bindung erheblicher Ressourcen von Unternehmen und sind daher für deren Kostenstrukturen, aber auch – und immer mehr – für ihre Erfolgspotenziale von ausschlaggebender Bedeutung. Angesichts der zunehmenden Vernetzung der Weltwirtschaft bei geringer Stabilität der Märkte sehen sich viele Unternehmen immer öfter gezwungen, sich mit dem Standort als Managementobjekt auseinanderzusetzen. Gleichzeitig lassen sich die wirtschaftlichen Konsequenzen dieser Entscheidungen schwerer vorhersehen als jemals zuvor. Die gestiegene Unsicherheit bei der Entscheidungsfindung erfordert ein Erneuern der Steuerungspraxis von Unternehmen, um Entwicklungstendenzen rechtzeitig zu erkennen und sich an wandelnde Umweltbedingungen anzupassen. Einer systematischen Suche nach Risiken und Möglichkeiten, um die betriebliche Standortstruktur und -nutzung zu verbessern, kommt dabei eine Schlüsselrolle zu. Standort, Bedeutung

Mit dem Wandel vom Kostenfaktor zur strategischen Erfolgsressource und der erweiterten Bedeutung der Standortplanung als zentrale Steuerungsperspektive der strategischen Unternehmensführung gehen auch gestiegene Ansprüche an adäquat ausgerichtete Analysen einher. Dabei geht es nicht allein darum, Kosten zu senken, sondern vielmehr in einem weiter gefassten ganzheitlich-strategischen Ansatz zur positiven Unternehmensentwicklung beizutragen. Voraussetzungen dafür sind jedoch geeignete Arbeitsweisen und Werkzeuge, die auf die Merkmale standortbezogener Fragestellungen abgestimmt sind. Damit gewinnt das Wissen über geeignete Methoden, Standortentscheidungen effektiv zu steuern und das volle Potenzial der Standortplanung zu nutzen, an Bedeutung. Empirische Befunde und Fallstudien zeigen jedoch regelmäßig Defizite in der Unternehmenspraxis. Viele Unternehmen greifen auch bei Standortentscheidungen auf traditionelle Verfahren der Investitionsrechnung zurück. Eine eigenständige Standortplanung und der Gebrauch spezieller Methoden finden selten statt. Als Resultat sind nicht nur ungenutzte Möglichkeiten und fortdauernde Risiken zu beklagen, sondern auch erkannte Fehlentscheidungen, die sich nur schwer revidieren lassen. Standortplanung, Bedeutung

Wenn die gegenwärtig vorherrschende Unternehmenspraxis die Möglichkeiten einer systematischen Standortplanung bei Weitem nicht ausnutzt, lässt sich dies auch darauf zurückführen, dass ein mangelhafter Wissenstransfer von der akademischen Forschung in die Praxis stattfindet. So existieren nicht nur unterschiedliche Rahmenbedingungen für die Beschäftigung mit Standortfragen in Theorie und Praxis, man denke dabei an den Zeitdruck, sondern auch unterschiedliche Zielsetzungen. Oft konzentriert sich die Forschung – vielleicht unter dem Druck von „publish or perish" – zu stark auf den „Mainstream", im Falle der Wirtschaftswissenschaften auf die Standortforschung

1

normative Theorie der Unternehmung. Somit besteht eine Distanz zwischen den „Modellwelten" der Standortforschung, welche Standortentscheidungen in erster Linie als eine formale Kostenminimierungsaufgabe betrachten, und der faktischen Auseinandersetzung mit Standortproblemen in der betrieblichen Praxis, obwohl das Unterstützen unternehmerischer Aktivitäten zu den erklärten Aufgaben der angewandten Wirtschaftswissenschaft und insbesondere der Spezialdisziplin der **Wirtschaftsgeographie** gehört.

Entscheidungs-
theoretischer Ansatz

In der Entscheidungstheorie, vor allem im Bereich des Operations Research, sind jedoch – vor allem im Auftrag der Praxis und teilweise gegen Widerstände im akademischen Bereich – in den letzten Jahrzehnten unter dem Oberbegriff der **Entscheidungsanalyse** (decision analysis) Ansätze geschaffen worden, die für ein Überwinden dieses Spannungsverhältnisses und die erforderliche methodische Neuausrichtung vielversprechend erscheinen. Der Grundgedanke der Entscheidungsanalyse besteht darin, dass Analyse- und Entscheidungsprozess miteinander verbunden sind: Einerseits gibt es ohne ein Entscheidungsproblem keine Analyse, andererseits sollen die Analyseergebnisse das Lösen des Entscheidungsproblems unterstützen. Dass diese Schule im deutschsprachigen Raum relativ unbekannt blieb, liegt unter anderem daran, dass ein allgemeines Berichterstatten über den Einsatz der Methoden in den Unternehmen nicht im Interesse der Auftraggeber oder – wenn die Ergebnisse einer Geheimhaltung unterliegen – sogar unerwünscht ist. Das vorliegende Buch nimmt sich dieser Problematik an, gibt eine Einführung in diese Forschungsrichtung speziell hinsichtlich des Bearbeitens räumlicher Entscheidungen und zeigt Möglichkeiten zum praktischen Umsetzen auf.

1.2 An wen richtet sich das Buch?

Das vorliegende Werk versteht sich als anwendungsorientiertes Lehrbuch, das dem Leser einen Ausgangspunkt für das Entdecken neuer methodischer Entwicklungen bietet und als Quelle für konkretes Handeln dient. Es arbeitet daher nicht nur die theoretischen Gesichtspunkte der Standortanalyse – die Entscheidungsanalyse gibt hier einen Unterbau – heraus, sondern verdeutlicht auch anhand vieler Beispiele die praktische Relevanz der Aussagen. Das **Ziel** dieses Lehrbuchs besteht darin, die konzeptionellen Grundlagen der betrieblichen Standortplanung zu vermitteln und darauf aufbauend Vorschläge zur erfolgreichen Umsetzung und Verankerung der Standortanalyse als Entscheidungshilfe in der Unternehmensplanung zu geben. Die empfohlene Vorgehensweise und ihre Instrumente sind branchenübergreifend konzipiert. Bei der Darstellung ergibt sich eine Verbindung von eher unbekannten Methoden aus der Wissenschaft und außerwissenschaftlichen Hilfsmitteln, die sich in der Praxis bewährt haben. Es richtet sich an eine **Leserschaft** sowohl aus Forschung und Lehre – in erster Linie der Geowissenschaften und Wirtschaftswissenschaften mit räumlichen Schwerpunkten an Universitäten und Fachhochschulen – als auch an Entscheider und Anwender in der Praxis.

Im Vorfeld einer Auseinandersetzung mit geeigneten Methoden ist zunächst zu klären, mit welchen Entscheidungsproblemen sich die Unternehmensführung im Rahmen der Standortplanung zu beschäftigen hat. Vor diesem Hintergrund sollen im **zweiten Kapitel** diese zentralen Komponenten der Standortanalyse erläutert und dabei eine Mindestmenge an Fachausdrücken der Standort- und Entscheidungstheorie vorgestellt werden. Dann bietet sich zunächst das Darstellen einer idealtypischen Vorgehensweise bei der Entscheidungshilfe an. Das **dritte Kapitel** befasst sich demzufolge mit der Frage, wie eine Standortanalyse ablaufen sollte. Es wird gezeigt, wie man die Untersuchung in Arbeitsschritte zerlegt, welche Grundsätze dabei jeweils zu beachten sind und welche instrumentellen Hilfsmittel hierfür zur Verfügung stehen. Nach der allgemeinen Auseinandersetzung mit den grundsätzlichen Schritten zur Lösung eines räumlichen Entscheidungsproblems präsentiert das **vierte Kapitel** gesondert Richtlinien zur Gewichtung von Standortfaktoren. Das **fünfte Kapitel** stellt schließlich Regeln zum Bewerten von Standorten und damit zum Ableiten von Handlungsempfehlungen vor. Dabei handelt es sich neben bewährten Praxiswerkzeugen um eine Auswahl an Instrumenten, die eine breite Zustimmung im akademischen Bereich erfahren haben und deren erfolgreicher Einsatz bei räumlichen Entscheidungen dokumentiert ist. Ihr Gebrauch ist, wie einfache Berechnungsbeispiele veranschaulichen, mathematisch nicht anspruchsvoll, und kann ohne Spezialsoftware mit einer Tabellenkalkulation wie Microsoft Excel problemlos vollzogen werden.

2 Entscheidungsorientierung als Kernelement der betrieblichen Standortanalyse

2.1 Begriffliche Abgrenzung

Standortanalyse, Begriff

In der Literatur und im allgemeinen Sprachgebrauch wird Standortanalyse meist als Oberbegriff für alle Studien aufgefasst, welche sich mit den räumlichen Rahmenbedingungen unternehmerischer Aktivitäten beschäftigen. Im außerwissenschaftlichen Bereich lassen sich hinsichtlich der analytischen Perspektive drei Hauptanwendungsbereiche abgrenzen.

Räumliche Strukturanalyse

Zum einen existieren Standortanalysen in der Form allgemeiner Strukturanalysen, welche die branchenspezifische oder gesamtwirtschaftliche Beschaffenheit von Raumeinheiten **ohne unmittelbaren Entscheidungsbezug** untersuchen. Dabei kann es sich um spezielle Marktberichte, allgemeine Studien einzelner Standorte oder auch vergleichende Rankings handeln. Kennzeichnend für diese Untersuchungsart ist die deskriptive Vorgehensweise, bei der die Standorteigenschaften in einheitlicher Weise aufgelistet bzw. besprochen werden, ohne dabei die konkreten Ziele der einzelnen Adressaten der Analyse zu berücksichtigen.

Räumliche Entscheidungsanalyse

Unternehmen nutzen Standortanalysen als zentrales Aktionsmittel der betrieblichen Standortplanung. Die betriebliche Standortanalyse stellt dabei die gedankliche Phase einer Standortentscheidung dar und bereitet ihre Umsetzung vor. Dieser entscheidungsorientierte Einsatzbereich – betriebliche Standortanalysen werden nicht zum Selbstzweck, sondern zum **Lösen unternehmerischer Problemstellungen** durchgeführt – stellt den Fokus des vorliegenden Lehrbuchs dar.

Räumliche Entwicklungsanalyse

Im Rahmen des zunehmenden Wettbewerbs um Unternehmensansiedlungen werden auch zunehmend Studien für das Standortmarketing einzelner Gebietskörperschaften erstellt. Dazu wird eine Bestandsaufnahme vorhandener Standorteigenschaften durchgeführt, um die Attraktivität für einzelne Branchen oder gesamtwirtschaftliche Stärken und Schwächen zu ermitteln. Hier sollen Standortanalysen also gezielte Maßnahmen für die Wirtschaftsförderung erarbeiten, um die Bindung und Ansiedlung von Unternehmen zu stützen. Diese Untersuchungsart stellt somit einen Mittelweg zwischen Strukturanalyse und Entscheidungshilfe dar: Aus einer deskriptiven Erfassung der Standortstruktur werden Handlungsempfehlungen generiert, um die kommunale Standortentwicklung an die Anforderungen von Unternehmen anzupassen.

Standortplanung, Abgrenzung

Die organisatorische und inhaltlich-konzeptionelle Ausrichtung von Standortanalysen wird in den Unternehmen unterschiedlich praktiziert. In einer erweiterten Sichtweise kann man die Standortplanung als zukunftsgerichtete Abstimmung aller betrieblichen Maßnahmen verstehen, deren Durchführung und Erfolg von räumlichen Wirkungen beeinflusst werden. Letztlich beinhalten alle unternehmerischen Investitionen den Beschluss, **betriebliche Ressourcen einem bestimmten geographischen Ort zuzuweisen**. Das Erreichen der Investitionsziele resultiert infolgedessen immer auch aus räumlich differenzierten Einnahmen und Kosten. In diesem Zusammenhang ist es zu sehen, wenn sich in Branchen wie der Immobilienwirtschaft, bei der Standortfragen beinahe zum Tagesgeschäft gehören, der gemeinsame Ausdruck der Standort- und Marktanalyse etabliert hat.

Darin kommt zum Ausdruck, dass oft **keine exakte Abgrenzung zwischen der Markt- und der Standortperspektive** möglich ist, wenn es darum geht, strategische Unternehmensentscheidungen vorzubereiten: Der Standort definiert den Markt insofern, als dass Marktinformationen wie die Wettbewerbsintensität oder das Nachfragepotenzial in der Regel räumlich ungleich ausgeprägt sind; andernfalls wären sie nicht entscheidungsrelevant. Marktbedingungen sind also immer auch Standorteigenschaften, eine Unterscheidung ist in der Praxis unerheblich. Am ehesten wären die Markt- und Standortperspektiven der Unternehmensplanung nach der räumlichen Betrachtungsebene in Mikro- und Makroanalyse abzugrenzen: einerseits die (geographische) Mikroanalyse, die mit der Primärerhebung qualitativer Standortmerkmale verbunden ist und andererseits die Untersuchung größerer Raumeinheiten, die sich weiter in eine (betriebswirtschaftliche) Betrachtung quantitativer Marktfaktoren auf regionaler oder nationaler Ebene und in die (volkswirtschaftliche) ökonometrische Studie gesamtwirtschaftlicher Datenbestände unterteilen ließe. Von der betrieblichen Standortplanung sowohl inhaltlich als auch methodisch weitgehend zu unterscheiden ist dagegen die innerbetriebliche Standortplanung, oft auch als Layout- oder Fabrikplanung bezeichnet, bei der es um das Gestalten einzelner Grundstücke, d. h. um das Anordnen und Einrichten baulich-technischer Betriebs- und Produktionsanlagen, geht.

Marktforschung

Layout-Planung

2.2 Standortentscheidungen als Untersuchungsgegenstand

Betriebliche Standortanalysen sollen durch das gezielte Bereitstellen von Informationen Unsicherheiten beim Treffen von Entscheidungen reduzieren und durch das Verbessern des Entscheidungsfindungsprozesses auch zur Erhöhung der Ergebnisqualität beitragen. Eine effektive Handlungsempfehlung erfordert Informationen über das **Entscheidungsfeld**, d. h. die jeweilige Zielsetzung, die verfügbaren Alternativen und die Bewertungskriterien. Die folgenden Abschnitte skizzieren die typischen Eigenschaften dieser Entscheidungskomponenten, welche die Grundlage für die methodische Ausrichtung von Standortanalysen darstellen.

Entscheidungsfeld

2.2.1 Standorte als unternehmerische Entscheidungsalternativen

Die allgemeine Aufgabe der betrieblichen Standortplanung besteht darin, die Differenz zwischen standortbedingten Vor- und Nachteilen – d. h. den Nutzen für das Unternehmen – auf lange Sicht zu maximieren. Auslöser von Standortentscheidungen ist die Motivation, die bestehende Standortstruktur oder -nutzung zu verändern. Es geht darum, Schwächen ab- und Stärken

Standortplanung, Aufgabe

auszubauen, Chancen wahrzunehmen oder Risiken zu minimieren. Ein **Entscheidungsproblem** liegt also vor, wenn man vermutet, dass das Erreichen festgelegter Unternehmensziele gefährdet ist (Risikoproblem) oder gefördert werden kann (Chancenproblem) und zugleich keine Sicherheit bezüglich der Mittel der Zielerreichung besteht. Die Standortanalyse empfiehlt eine **Problemlösung**, indem sie aus mehreren Handlungsalternativen eine Auswahl vorschlägt. Alternativen repräsentieren folglich die verschiedenen Möglichkeiten, die zum Lösen eines Entscheidungsproblems zur Verfügung stehen. Nicht alle Standorte sind zum Erreichen der Unternehmensziele gleich gut geeignet, sonst könnte man eine beliebige Alternative auswählen. Dann bestünde zwar eine Auswahlsituation, aber kein Entscheidungsproblem und eine Analyse wäre überflüssig. Eine Standortentscheidung ist also eine mehr oder weniger bewusste Auswahl unter mehreren machbaren, aber nicht gleichzeitig zu verwirklichenden Alternativen (Laux 2003). Nach der Art der Alternativen lassen sich die zwei im Folgenden beschriebenen Problemfelder unterscheiden.

Handlungs-empfehlung

Standort-entscheidung

Standortwahl

Klassischer Untersuchungsgegenstand der Standortanalyse – auch die vorliegende Arbeit konzentriert sich primär auf diesen Anwendungsbereich – ist die Frage der **Standortwahl** (site selection): Welcher (potenzielle) Unternehmensstandort eignet sich zum Erfüllen einer bestimmten Zielsetzung am besten? In der Regel handelt es sich dabei um die **Suche** nach neuen, zu Beginn der Analyse unbekannten Standorten, die für eine Unternehmensexpansion infrage kommen. Es kann aber auch darum gehen, aus den bestehenden Unternehmensstandorten eine **Auswahl** für die Erweiterung oder Aufgabe von Unternehmensaktivitäten zu treffen. In beiden Fällen soll eine Verbesserung der betrieblichen Standort*struktur* erreicht werden: Die Standortanalyse prüft mehrere Standortalternativen hinsichtlich einer bestimmten Nutzung.

Standortnutzung

Genau umgekehrt verhält es sich bei Standortanalysen, welche die Verbesserung der betrieblichen Standort*nutzung* bezwecken sollen: Hier werden mehrere Nutzungsalternativen für einen bestimmten Standort untersucht. Im weiteren Sinne beschäftigen sich Standortanalysen also auch mit dem **Entwickeln raumwirksamer oder standortbezogener Maßnahmen**: Wie kann der Standort genutzt werden, um das Erfüllen der Unternehmensziele zu verbessern? Eine entsprechende Studie soll standort- bzw. marktseitige Restriktionen und Potenziale aufdecken, um verschiedene Entwicklungsoptionen für einen bestimmten Standort zu bewerten und die bestmögliche Nutzung zu ermitteln. Eine wichtige Rolle im Zusammenhang mit der zukünftigen Standortentwicklung spielen insbesondere Einschätzungen über mögliche Umweltzustände, die sich aus unbeeinflussbaren Rahmenbedingungen ergeben können.

2.2.2 Unternehmensziele als Grundlage der Standortbewertung

Ziel, Begriff

In der Standortanalyse werden in Betracht kommende Entscheidungsmöglichkeiten hinsichtlich ihrer Zielerreichung bewertet. **Ziele** sind a priori festgelegte Richtwerte bzw. gewünschte Zustände eines Unternehmens, welche durch die Entscheidung maximiert werden sollen. Standortentscheidungen spielen aufgrund ihrer langfristigen Ausrichtung eine besondere Rolle im Hinblick auf die Unternehmensentwicklung: Sie beeinflussen die Konkurrenzfähigkeit und den wirtschaftlichen Erfolg eines Unternehmens dauerhaft und bestimmen somit über das Erreichen strategischer Unternehmensziele. Zwischen **Standortplanung und Unternehmensstrategie** besteht dabei ein wechselseitiges Verhältnis: Einerseits muss die Entscheidungsfindung den Vorgaben der strategischen Unternehmensplanung entsprechen, andererseits setzt das Erreichen strategischer Ziele systematisches Entscheiden voraus.

Aufgrund ihres **strategischen Charakters** sollen räumliche Entscheidungen möglichst mit den allgemeinen Unternehmenszielen abgestimmt sein. Diese lassen sich in folgende funktionale Kategorien einteilen (BECKER 2005): Unternehmensziele

- **Formalziele** beschäftigen sich mit den angestrebten monetären Konsequenzen unternehmerischen Handelns. Betriebliche Standortplanung beinhaltet insofern immer ökonomische Aspekte, als es im Allgemeinen gilt, die Standortnutzung oder -struktur zu ermitteln, bei der die Differenz zwischen standortbedingten Erträgen und standortabhängigen Aufwendungen – und damit der Gewinn – einen maximalen oder vergleichsweise besten Wert erreicht.
- **Leistungsziele** verweisen dagegen auf die sachliche Aufgabenerfüllung von Unternehmen und beinhalten vorrangig technische Aspekte, wie etwa eine hohe Qualität der angebotenen Leistungen, welche in räumlicher Hinsicht z. B. durch den Zugang zu Arbeitsmärkten und Ausbildungsmöglichkeiten geprägt ist.
- **Sozialziele** beziehen sich wiederum auf Eigenschaften und Beziehungen von Individuen und Gruppen in und außerhalb von Unternehmen und beinhalten psychosoziale Aspekte unternehmerischen Handelns, wie z. B. die Sicherung des Personalbestands und die Imagepflege an einem bestehenden Standort.

Bei Standortanalysen bestehen meist **Zielkonflikte**, weil es sich in der Regel um **mehrdimensionale Entscheidungsprobleme** handelt, die alle Unternehmensbereiche betreffen und sich somit gleichzeitig auf formale, leistungsbezogene und soziale Aspekte auswirken. Als Konsequenz greifen die allgemeinen **Investitionsrechenverfahren** wie auch die Ansätze der (neo-)klassischen Standorttheorie zu kurz. Diese leiten rein monetäre Größen wie Transportkosten, Kapitalwerte, interne Zinssätze, Vermögensendwerte oder Annuitäten ab und ziehen diese zur Entscheidungsfindung heran. Zielkonflikt

Die finanzielle Sicht ist zwar eine ausschlaggebende Komponente, aber keinesfalls ausreichend, um Handlungsempfehlungen abzuleiten. So kann eine Entscheidung zwar in monetärer Hinsicht isoliert betrachtet rational – d. h. rentabel – sein, aber gleichzeitig dem Erreichen anderer Unternehmensziele schaden. Selbst bei einer Kostenführerschaftsstrategie muss der billigste Standort keineswegs der beste sein. Er dient dem Ziel der Gewinnmaximierung nur auf kurze Sicht, denn andere Interessen wie etwa Reputation, Produktqualität, Marktanteil etc. werden dadurch eher beeinträchtigt. Das wirkt sich auf längere Sicht wiederum auf den finanziellen Unternehmenserfolg aus. Eine optimale Lösung – d. h. eine Alternative, welche die

Maximalwerte aller Ziele zugleich erreicht – kann es bei konfliktären Zielen nicht geben. Eine Standortentscheidung ist daher nicht als Optimierungs- sondern kein Druck als **Maximierungsproblem** zu betrachten.

Nutzenorientierung

Standortanalysen müssen Entscheidungsalternativen hinsichtlich mehrerer Ziele untersuchen, um zu einer Handlungsempfehlung zu gelangen. Statt des monetären Markt- oder Barwerts, der die Güte eines Standorts in Geldeinheiten angibt, gilt es, eine **Eignungs- oder Nutzengröße** als zahlenmäßigen Ausdruck für das Erreichen vorgegebener Ziele hinsichtlich einer bestimmten Nutzung zu berechnen. Es geht dabei darum, Kompromisslösungen zu finden, welche bei allen Zielen am besten sind und die insgesamt maximale Zielerreichung aufweisen. Im Rahmen der Entscheidungsfindung sollte der Einsatz der Standortanalyse allerdings nicht isoliert, sondern im Zusammenspiel mit den monetären Wertermittlungs- oder Investitionsrechenverfahren als **mehrdimensionale Wirtschaftlichkeitsberechnung** erfolgen. Zwar können Kosten in vorgelagerten Analysephasen durchaus als einer von mehreren Aspekten direkt in der Standortanalyse behandelt werden. Für die endgültige Problemlösung bietet es sich aber an, die finanziellen und die nicht monetären Zielerreichungsgrade von Entscheidungsmöglichkeiten getrennt zu bewerten. Damit ergibt sich als Endergebnis eine Handlungsempfehlung aus dem Verhältnis des Nutzens – abgeleitet aus der Standortanalyse – gegenüber den monetären Größen (Kosten, Gewinn etc.) der Investitionsrechnung: Es wird diejenige Entscheidungsalternative vorgeschlagen, bei welcher dieser **Verhältniswert** am günstigsten ausfällt.

Kosten-Nutzen-Analyse

2.2.3 Standortfaktoren als Bewertungsmaße

Das Lösen von Standortentscheidungsproblemen erfordert ein zielgerichtetes, ganzheitliches Bewerten der möglichen Handlungsoptionen. Hierfür werden einheitliche Messgrößen benötigt, welche angeben, wie die Zielerreichung an einem bestimmten Standort in Erscheinung tritt. Diese **Messkriterien** geben bei der Entscheidung – und damit für das räumliche Verhalten – eines Unternehmens letztlich den Ausschlag und können daher auch als Standortfaktoren bezeichnet werden.

Standortfaktor, Begriff

Die Relevanz von Standortfaktoren hängt von der jeweiligen Zielsetzung ab und kann sich zwischen Branchen und Unternehmen erheblich voneinander unterscheiden. Aber auch bei einer bestimmten Entscheidungssituation können unterschiedliche Prioritäten zwischen den beteiligten Interessengruppen innerhalb und außerhalb des Unternehmens bestehen. Folglich ist auch das Maß der Standortqualität stets inhärent subjektiv, es kann keinen allgemeingültigen Wert für die Beschaffenheit eines Standorts geben. Die Frage nach den entscheidungsrelevanten Standort- und Marktgegebenheiten, welche den Zielerreichungsgrad von Alternativen beschreiben sollen, kann daher ebenfalls nur **kontextgebunden** im Zusammenhang mit der jeweiligen Entscheidungssituation beantwortet werden. Auf eine Darstellung allgemeiner Standortfaktorenkataloge, welche in der Literatur in vielfältiger Form existieren, wird daher an dieser Stelle bewusst verzichtet. Die Zielfindung und das möglichst vollständige Ableiten aller entscheidungsrelevanten Standortfaktoren sind vielmehr Bestandteil einer Standortanalyse. Dies be-

Standortfaktor, Relevanz

inhaltet erstens das Identifizieren der für die Entscheidung relevanten Interessengruppen und zweitens eine zweckorientierte Auswahl von Bewertungsgrößen, um deren Ansprüche messbar zu machen. Drittens ist in den meisten Fällen eine Gewichtung erforderlich, um dem unterschiedlichen Stellenwert der Standortfaktoren Rechnung zu tragen.

Die Standortanalyse hat zur Aufgabe, alle relevanten Aspekte eines Entscheidungsproblems zu erfassen, um einen ausreichenden Gesamteindruck von den Entscheidungsalternativen zu ermöglichen. Dabei ist, wie bereits oben beschrieben, zu beachten, dass die Ziele neben monetären Größen üblicherweise eine Vielzahl anderer Gesichtspunkte, nicht nur kaufmännischer, sondern auch technisch-gestalterischer, psychosozialer und rechtlicher Art umfassen. Auch in diesem Zusammenhang erweist sich die Anwendung traditioneller Verfahren der Investitions- und Standorttheorie als problematisch, weil diese voraussetzen, dass sich alle entscheidungsrelevanten Aspekte in Geldeinheiten ausdrücken lassen.

> Standortfaktor, Erfassung

Für den Grad der **Messbarkeit** lässt sich vielmehr eine Dreiteilung vornehmen in direkt und indirekt monetär erfassbare sowie nicht monetäre Standortfaktoren. Zu den indirekt monetär erfassbaren Faktoren zählen alle Standorteigenschaften, deren finanzielle Effekte sich durch Schätzwerte, wie etwa „Opportunitätskosten" näherungsweise angeben lassen. Bei den meisten Standortentscheidungen spielen aber in der Mehrzahl qualitative, zum Teil immaterielle Nutzengrößen eine wichtige Rolle, die einer geldmäßigen Ausdrucksweise überhaupt nicht zugänglich sind: Bei diesen „weichen" **Standortfaktoren**, liegen die Ausprägungen nicht in Zahlenform vor und ihre Quantifizierung gelingt nur eingeschränkt, sodass keine genaue Wertangabe, sondern nur ein plausibles Intervall angegeben werden kann. Dem entsprechend ist man bei Standortanalysen üblicherweise nicht in der Lage, alle erfolgsrelevanten Einflussfaktoren mit Ein- und Auszahlungen zu belegen, und die Entscheidungsfindung entzieht sich der Investitionsrechnung, die sich auf die Prognose von Zahlungsströmen konzentriert. Stattdessen ist eine **qualitative Modellierung** des Entscheidungsproblems erforderlich, um durch Gebrauch von Kennzahlen möglichst genaue Bewertungsmaßstäbe für Alternativen zu entwickeln.

> Standortfaktor, Art

Die bisherigen Ausführungen zeigen, dass Standortentscheidungen nicht nur zu den wichtigsten, sondern auch zu den schwierigsten unternehmerischen Problemstellungen gehören: Charakteristische Eigenschaften von Standortentscheidungen sind die Vielzahl und Verschiedenheit möglicher Alternativen, ihrer Merkmale sowie deren Beziehungen untereinander. Jeder Standort stellt folglich eine einzigartige Kombination zahlreicher entscheidungsrelevanter Elemente dar. Diese sind zum Teil von sehr unterschiedlicher Natur und oft nur schwer zu messen. Darüber hinaus stellen Unternehmensstandorte und -märkte offene Systeme dar, deren Wirkungsbereiche sich meist nicht eindeutig von der Umwelt abgrenzen lassen.

> Standortanalyse, Komplexität

Daher ist zu beachten, dass der Einsatz von Standortanalysen zu keiner zusätzlichen Erhöhung der Entscheidungskomplexität führt. So kann eine übermäßig komplizierte Analyse das Umsetzen der erzielten Ergebnisse verhindern, weil sie von den Empfängern nicht verstanden oder akzeptiert werden. Standortanalysen sollen deshalb erstens möglichst einfach durchzuführen und zweitens leicht verständlich sein. Ein einfaches Durchführen bein-

> Heuristik

haltet, dass alle notwendigen Hilfsmittel in gewohnter Arbeitsumgebung verfügbar und bekannt sind. Hierbei ist es sinnvoll, einen möglichst umfangreichen Teil der Informationsverarbeitung mithilfe von Computern durchzuführen. Gleichwohl sollte der Weg der Entscheidungsfindung allen Beteiligten auch ohne besondere Kenntnisse zugänglich sein und den Interessengruppen vermittelt werden können. Als Konsequenz ist beim Umgang mit Standortentscheidungsproblemen, für die eindeutige Lösungen entweder nicht möglich sind oder aufgrund des erforderlichen Aufwands nicht sinnvoll erscheinen, der planmäßige Einsatz von **Heuristiken**, d. h. vereinfachenden Vorgehensweisen und bewährten „Daumenregeln", unerlässlich.

3 Ablauf einer Standortanalyse

Zentrale Vorbedingung für das Gelingen einer Standortanalyse ist ein systematisches Vorgehen. Systematik bedeutet in diesem Zusammenhang, dass die Untersuchung einerseits auf effiziente Weise zustande kommt und andererseits zu effektiven Ergebnissen führt, um die Entscheidungsqualität zu verbessern. Dieses Kapitel beschreibt einen Leitfaden zum planmäßigen und gezielten Gestalten von Standortanalysen. Diese werden dabei als Schritt-für-Schritt-Prozess beschrieben, der sich vom Erkennen eines Problems bis zum Vorschlag einer Lösung erstreckt (Tab. 1).

Tab. 1: Ablauf einer Standortanalyse.

Meilenstein	Arbeitsschritte	Ziel
Bezugsrahmen klären (Kapitel 3.1)	• Untersuchungszweck definieren • effektive und effiziente Umsetzung sicherstellen	Untersuchung in die richtigen Bahnen lenken
Ziele setzen (Kapitel 3.2)	• Ziele finden • Ziele formulieren • Ziele hierachisch ordnen • Mindestanforderungen festlegen	Festlegen eines Zielsystems als Bewertungsgrundlage
Standortalternativen mehrstufig wählen (Kapitel 3.3)	• Untersuchungsraum abgrenzen • Untersuchungstiefgang bestimmen	Ermitteln aussichtsreicher Handlungsoptionen
Standorte bewerten (Kapitel 3.4)	• Standortfaktoren wählen • Standortfaktoren messen • Standortfaktoren gewichten • Standortfaktoren bewerten • Ergebnisse zusammenfassen	Berechnen des Zielerreichungsgrades der Alternativen
Ergebnisse kontrollieren (Kapitel 3.5)	• Ergebnisstabilität prüfen • Standortentwicklung einschätzen	Ableiten einer Handlungsempfehlung

Die empfohlene Vorgehensweise stellt ein allgemeines Grundmuster für das Bearbeiten einer Standortanalyse dar. Der Kerngedanke besteht darin, durch das Zerlegen des Ablaufs in Arbeitsschritte die Komplexität der Problemstellung und somit die kognitiven Anforderungen für die Anwender zu verringern sowie das personelle, räumliche und zeitliche Aufteilen der Bearbeitung zu erleichtern. In einer verkürzten Darstellung, bei der die Arbeitsschritte mit besonders häufiger Rückkopplung zusammengefasst sind, würden sich der Bezugsrahmen und die Zielsetzung als vorbereitende, konzeptionelle Phase der **Problemstrukturierung** bezeichnen lassen, während die meist mehrstufig ablaufende Alternativenwahl und -bewertung die eigentliche Hauptphase einer Standortanalyse bilden.

Die konkrete Durchführung muss an die vorliegende Entscheidung ausgerichtet werden: Während an dieser Stelle die einzelnen Schritte der Problemlösung in einer linearen Aufeinanderfolge präsentiert werden, ergeben sich beim praktischen Umsetzen häufig Situationen, die es notwendig machen, im Untersuchungsverlauf auf einen vorherigen Arbeitsschritt zurückzugehen, um diesen anzupassen und zu wiederholen. Die gewählte Vorgehensweise ist daher in einem erläuternden Bericht zur Standortanalyse in jedem Fall offenzulegen (z. B. unter der Überschrift *Untersuchungsablauf*), wenn sie nicht schon aus dessen Aufbau hervorgeht.

Die folgenden Textabschnitte stellen die Inhalte der einzelnen Arbeitsschritte sowie hilfreiche Verfahrensgrundsätze und -regeln in zusammengefasster Weise dar. Die umfangreichen Themengebiete der Gewichtungs- und Bewertungsregeln werden in eigenen Hauptkapiteln gesondert behandelt. Für eine weitergehende Diskussion von Aspekten, die den Ablauf einer expliziten, logischen Analyse komplexer Entscheidungsprobleme betreffen, sei auf allgemeine Leitfäden wie etwa FRENCH/RIOS-INSUA 2000; BELTON/STEWART 2002 oder BOUYSSOU et al. 2007 verwiesen.

3.1 Bezugsrahmen klären

Ausgangslage   Die Standortanalyse ist möglichst sorgfältig und systematisch vorzubereiten, um für einen reibungslosen und planmäßigen Ablauf zu sorgen. Der dabei zu klärende Bezugsrahmen umfasst die ganze Bandbreite inhaltlicher und organisatorischer Gesichtspunkte der Problemlösung, die in der Analyse zu berücksichtigen sind.

Aufgabe   Auslöser für den Entschluss zum Durchführen einer Standortanalyse ist die Kenntnis über das Bestehen einer Problemlage, zu deren Überwinden sie beitragen soll. Die organisatorische Gestalt einer Standortanalyse muss dementsprechend auf die Problemstellung der zu treffenden Entscheidung abgestimmt sein. Die erste Aufgabe beim Vorbereiten einer Standortanalyse besteht daher darin, die Problemstellung möglichst klar zu definieren, sodass alle notwendigen Problemelemente betrachtet werden und somit die Effektivität gewährleistet ist. Das frühzeitige Planen bezüglich des personellen, materiellen, informatorischen und zeitlichen Ablauf der Entscheidungsfindung soll dem Auftreten möglicher Unstimmigkeiten vorbeugen und auf diese Weise die Effizienz der Untersuchung sicherstellen.

Ergebnis   Die Problemdefinition und die geplante Vorgehensweise, zumindest erste Schätzungen über die organisatorischen Eckdaten, insbesondere bezüglich des Bedarfs und der Verfügbarkeit der notwendigen finanziellen, zeitlichen und personellen Mittel liegen den Beteiligten in Form eines schriftlichen, von der Unternehmensführung genehmigten Auftrags vor. Ein erläuternder Bericht zur Standortanalyse enthält die Problemdefinition, möglicherweise als *Ausgangslage* bezeichnet, und eine Übersicht über den Zeitablauf sowie die Zuständigkeiten und Verantwortlichkeiten der beteiligten Personen, beispielsweise als *Projektorganisation* bezeichnet. Dabei ist auch die Angabe von Kontaktadressen der beteiligten Personen als Ansprechpartner für mögliche Fragen empfehlenswert.

3.1.1 Untersuchungszweck definieren

Der erste Schritt einer Standortanalyse besteht darin, das zu lösende Entscheidungsproblem zu bestimmen. Obwohl unbestritten ist, dass eine erfolgreiche Entscheidungshilfe ein sorgfältiges Untersuchen der zu lösenden Problemstellung voraussetzt, existiert in der Literatur kein einheitliches Konzept zum Bearbeiten dieser Aufgabe (GUITOUNI/MARTEL 1998). Zum Vereinfachen bietet sich hierbei jedoch ein schrittweises Vorgehen an, das die drei Phasen der Problemerkennung, -analyse und -formulierung trennt, wobei ein zunehmendes Abgrenzen und Präzisieren des Entscheidungsproblems erfolgt (EUL-BISCHOFF 1989).

(Randnotiz: Untersuchungszweck)

Damit überhaupt ein Auftrag zum Durchführen einer Standortanalyse erfolgt, muss bei den Entscheidungsträgern (Kap. 3.1.2) eine Motivation zum Verändern der gegenwärtigen Standortstruktur oder -nutzung gegeben sein. Diese lässt sich als Abweichung zwischen einem tatsächlichen – derzeitigen („Ist") oder prognostizierten („Wird") – und einem erwünschten Zustand („Soll") auffassen. Die gezielte Suche nach Entscheidungs*problemen* zum Vermeiden von Risiken oder Entscheidungs*möglichkeiten* zum Wahrnehmen von Chancen kann ihrerseits Gegenstand einer eigenen Untersuchung („Ist-Soll"- oder „Wird-Soll"-Vergleich) mit eher diagnose- statt entscheidungsorientierten Analysemethoden darstellen. Hierzu können für jeden bestehenden Unternehmensstandort Maßzahlen betriebsinterner oder externer Größen definiert und – womöglich regelmäßig im Rahmen eines Standortbenchmarkings oder -controllings – geprüft werden. In diesem Zusammenhang kann es auch sinnvoll sein, bestimmte betriebsfremde Standorte zu überwachen, wenn sie als mögliche Alternativen für bestehende Standorte erachtet werden oder als Konkurrenzstandorte von Interesse sind.

(Randnotiz: Problem, Identifikation)

Nach dem Auffinden einer Problemlage als potenziellen Untersuchungsgegenstand gilt es, diesen inhaltlich möglichst eindeutig und genau zu beschreiben und abzugrenzen (SMITH 1988). Dieser Arbeitsschritt beinhaltet in erster Linie das Untersuchen des „Ist"-Zustands *(Wie äußert sich die festgestellte Abweichung?)* und seiner Differenz zu einem „Soll"-Zustand *(Wie groß ist die Abweichung?)* sowie der Einwirkungsmöglichkeiten *(Gibt es Schutz- oder Verbesserungsmaßnahmen?)*. Bei Bedarf werden dabei auch Szenarien, d.h. alternative Zukunftsentwürfe über den „Wird"-Zustand (Kap. 3.5.2) genutzt, um Folgen und Risiken eines Handlungsverzichts abzuschätzen *(Wie groß ist das Wachstums- bzw. Schadenspotenzial und was würde geschehen, wenn auf einen Eingriff verzichtet würde?)*. Wurden mehrere Entscheidungsprobleme bzw. -möglichkeiten aufgedeckt, ist außerdem ein Priorisieren *(Wie dringend?)* erforderlich. Daher ist eine möglichst genaue und vollständige Analyse des Gegenstands sowie der Prämissen der vorgesehenen Untersuchung vorzunehmen (RAPOPORT 1985; GUITOUNI/MARTEL 1998 und HAMMOND et al. 1999):

(Randnotiz: Problem, Analyse)

- Beschaffenheit: *Was sind die grundlegenden Elemente des Problems? Worin besteht es, wie äußert es sich?*
- Bisherige Maßnahmen: *Wurden bereits (ähnliche) Maßnahmen getroffen? Warum haben sie nicht ausreichend gewirkt? Welche Erkenntnisse haben sie ergeben?*

- Ursache: *Was sind die Entstehungsgründe des Problems?*
- Dynamik: *Ist eine Entwicklung erkennbar, gibt es periodische Ausprägungen oder Regelmäßigkeiten?*
- Dauer: *Ist das Problem vorübergehender oder dauerhafter Natur? Welche Entscheidungen hängen jetzt oder später mit der aktuellen Entscheidung zusammen?*
- Betroffenheit: *Mit welchen Unternehmensbereichen und -aktivitäten hängt das Problem zusammen? Wer oder was ist wie stark vom Problem betroffen?*
- Umfeld: *Was sind die Rahmenbedingungen in der Gesellschaft, der Wirtschaft, der Umwelt etc.?*
- Umfang: *Was sind einschränkende Faktoren der Problemstellung?*

Problem, Formulierung

Haben die Entscheidungsträger den Entschluss gefasst, ein bestimmtes Problem zu beheben, sollten sie im Rahmen einer schriftlichen **Definition** ihre Vorstellungen über die Problemstellung darlegen, um ein gemeinsames Verständnis darüber zu erlangen, „worum es bei der Standortanalyse eigentlich gehen soll". Die Problemdefinition legt allen Beteiligten den Zweck der Standortanalyse offen und bildet damit den Ausgangspunkt für alle nachfolgenden Arbeitsschritte. Je präziser der Inhalt eines Problems dargelegt ist, desto mehr ist gesichert, dass die Analyse Ergebnisse liefert, welche eine Lösung im Sinne der Verantwortlichen ermöglichen. Zum einen macht eine möglichst genaue Vorgabe des zu bestimmenden Sachverhalts den Durchführenden klar, was die zu erarbeitende Handlungsempfehlung bezwecken soll und was für ihre Erarbeitung notwendig ist: Sie sind in der Lage, die zu untersuchenden Alternativen zu bestimmen, Art und Umfang der notwendigen Datenerhebung einzuschätzen sowie die geeigneten Instrumente für die Datenauswertung auszuwählen. Aber auch im Hinblick auf die Entscheidungsträger selbst kann eine schriftliche Definition ratsam sein, weil eine Lösung ohne ein gemeinsames Verständnis über das Problem zumindest erschwert wird. Dies gilt insbesondere dann, wenn die Beteiligung einer Vielzahl verschiedener Interessengruppen vorliegt. Bei der Definition ist es empfehlenswert, das Problem – und damit den Untersuchungsgegenstand der Standortanalyse – möglichst klar in einem Satz auszudrücken, der sowohl den Ausgangspunkt („Ist" und „Wird") als auch den erwünschten Zustand („Soll") benennt, sodass ihre Lücke als „Herausforderung" der Entscheidung – und damit der Zweck der Analyse – klar wird (HAMMOND et al. 1999).

Problem, Definition

Im Juli 2000 hat die BMW AG die Problemdefinition einer Standortentscheidung in folgender Pressemitteilung veröffentlicht (KAMPERMANN 2003): „*BMW wird bis zum Jahr 2004 eine völlig neue Modellreihe im oberen Bereich der unteren Mittelklasse auf den Markt bringen. […] Die vorhandenen Kapazitäten innerhalb des BMW-Werkverbundes reichen für das zusätzliche Produktionsvolumen der neuen Modellreihe jedoch nicht aus. BMW beabsichtigt daher, ein komplett neues Werk zu errichten.*" Die öffentliche Bekanntgabe brachte für das Unternehmen den Vorteil, dass sich unaufgefordert über 250 Gemeinden um eine Ansiedlung bewarben, was den weiteren Suchprozess (Kap. 3.3.2 und 5.1.2) erheblich beschleunigte.

3.1.2 Ausführung planen

Die geeignete Organisationsform der Standortplanung hängt in erster Linie von den zu lösenden Entscheidungsproblemen ab, aber auch von allgemeinen Rahmenbedingungen wie den Geschäftsaktivitäten, der Größe, Organisationsstruktur und weiterer spezifischer Gegebenheiten des jeweiligen Unternehmens. Daher kann es keine allgemeingültige Empfehlung für die Wahl der Organisationsform geben, welche für die meisten oder gar alle Unternehmen sinnvoll ist. Eine isolierte Stabsstelle oder -abteilung ist allerdings in jedem Fall zu vermeiden, weil ein vollständiges Abgrenzen von den betroffenen Abteilungen den koordinierenden und integrativen Funktionen der Standortplanung widerspricht. Standortplanung wird allerdings meist ohnehin nicht als eigenständiger Teilbereich oder gar als Daueraufgabe der strategischen Unternehmensführung verstanden. Nur in wenigen Unternehmen gibt es eigene Abteilungen oder Stellen, welche sich regelmäßig mit Standortfragen beschäftigen. Die Standortanalyse stellt vielmehr in der Regel eine einmalige Aufgabe mit definiertem Beginn und Ende dar, die einer Arbeitsgruppe zum Bearbeiten übergeben wird. Daher muss üblicherweise für die Dauer einer Standortanalyse eine spezielle Projektorganisation geschaffen werden.

Standortplanung, Organisation

Projektorganisation

Das Durchführen einer entscheidungsorientierten Standortanalyse setzt voraus, den Personenkreis abzugrenzen, dessen Interessen als Grundlage für die Alternativenbewertung erfasst werden sollen. Die **Entscheidungsträger** (decision maker) sind als Auftraggeber für das Umsetzen der Entscheidung und die daraus resultierenden Konsequenzen verantwortlich, sodass in den meisten Fällen deren Präferenzvorstellungen zu berücksichtigen sind. Bei Standortentscheidungen handelt es sich in der Regel um Gruppenentscheidungen, an denen mehrere Entscheidungsträger aus unterschiedlichen Unternehmensbereichen beteiligt sind. Dadurch verteilt sich die Entscheidungsverantwortung „auf mehrere Schultern", was zum Eindämmen opportunistischen Verhaltens und einer erhöhten Akzeptanz der Analyseergebnisse bei den beteiligten Personen beiträgt (KEENEY 1988). Erschwerend kommt in manchen Fällen – immer wenn die Standortnutzung nicht durch das Unternehmen selbst erfolgt – hinzu, dass bei der Alternativenbeurteilung nicht die eigenen Ansprüche, sondern die oftmals kaum zugänglichen Ziele einer möglicherweise unbekannten und heterogenen Nachfrage (Mieter, Käufer etc.) zu berücksichtigen sind. Je nach Entscheidungssituation muss die Analyse neben den verantwortlichen Entscheidungsträgern auch die Ansprüche weiterer Interessengruppen in das Entscheidungskalkül mit einbeziehen. Dies können Personen sein, die entweder einen (positiven oder negativen) Beitrag zum Entscheidungserfolg leisten können (z. B. Sachverständige, Gewerkschaften) oder in irgendeiner Form von den Folgen der Entscheidung betroffen sind, wie Shareholder, Arbeitnehmer, Gebietskörperschaften, kooperierende Unternehmen oder Anwohner.

Präferenzvorstellungen

Interessengruppen

Mit wachsender Anzahl an Entscheidungsträgern tritt allerdings die Schwierigkeit bezüglich des Zusammenführens ihrer Einzelinteressen in den Vordergrund, sodass bei **Gruppenentscheidungen** ein zusätzlicher Abstimmungsbedarf entsteht, der die Komplexität und den Zeitbedarf der Standort-

Gruppenentscheidung

analyse erhöht. So kann es häufig vorkommen, dass die Entscheidungsträger die Problemstellung unterschiedlich wahrnehmen und abweichende oder gegensätzliche Interessen verfolgen. Die Einzelmeinungen lassen sich rechnerisch zu einem repräsentativen Gruppenwert zusammenfassen (Kap. 3.4.3). Vor allem beim Bestimmen des Zwecks und der Ziele einer Entscheidung ist es jedoch wünschenswert, die Differenzen zwischen den betroffenen Personen zu überwinden und einen Konsens oder zumindest eine für alle Beteiligten zufriedenstellende Abmachung herbeizuführen. Auf ein Bereinigen von Meinungsverschiedenheiten kann man durch Gruppensitzungen der Entscheidungsträger hinwirken, bei denen verschiedene Verhaltensweisen wie Vermeiden, Nachgeben, Zwingen, Eingehen von Kompromissen oder Kooperation gefördert werden (LIMAYEM/YANNOU 2007). Weil eine solche Vorgehensweise zeitraubende Diskussionen erfordert, ist es in den meisten Fällen aus Effizienzgründen sinnvoll, die Gruppe der relevanten Entscheidungsträger auf wenige, ausschlaggebende Personen einzuschränken.

Da nur wenige Unternehmen spezielle Stellen oder gar eigenständige Abteilungen befähigen, ohne fremde Hilfe Standortpläne zu entwickeln und die dazu notwendigen Etats selbst zu verwalten, erfolgt eine Standortanalyse selten aus einer Hand. Damit stellt sich die Frage nach den Kompetenzen und Aufgaben der Beteiligten: *Haben die beteiligten Personen klar festgelegte Rollen und Verantwortlichkeiten?* Standortentscheidungen liegen üblicherweise im Verantwortungsbereich der obersten Unternehmensführung. Aufgrund der zeitlichen Belastung der Entscheidungsträger ist es in der Regel notwendig, durch eine Handlungsermächtigung bzw. Auftragserteilung, die gleichzeitig mit der Vorgabe von Rahmenbedingungen, Zielen und Regeln zur Prozedur verknüpft ist, bestimmte Aufgaben beim Durchführen der Untersuchung auf ein oder mehrere fachlich und methodisch speziali- Delegation sierte Analysten zu übertragen. Durch die **Vergabe von Aufgaben sowie Weisungs- und Entscheidungsrechten** lassen sich einzelne Personen unterschiedlich stark in den Analyse- und Entscheidungsprozess einbeziehen. So lässt sich die Verantwortung für das praktische Realisieren der Problemlösung vom vorgelagerten Erarbeiten einer Handlungsempfehlung im Rahmen der Standortanalyse weitgehend trennen; lediglich in der konzeptionellen Phase ist eine aktive Teilnahme der Entscheidungsträger unerlässlich.

Arbeitsgruppe Beim Zusammensetzen der mit der Durchführung betrauten Arbeitsgruppe – bestehend aus Projektleitern und Teammitgliedern – ist zu beachten, dass Standortanalysen meist vielfältige Kenntnisse und Fähigkeiten erfordern. Sie basieren deshalb in der Regel auf interdisziplinärer Zusammenarbeit von Spezialisten für die einzelnen Teilbereiche der Problemlösung (z. B. Ökonomen, Juristen, Ingenieure). Meist werden einzelne Schritte von Personen aus verschiedenen Unternehmensbereichen durchgeführt oder – vor allem die Datenerhebung und -auswertung, oft auch die **Berichterstattung** – an unternehmensexterne Organisationen vergeben. Die **Projektleitung** ist meist bei einer Stabsstelle angesiedelt. Die Mitglieder der Projektorganisation arbeiten üblicherweise weiterhin in ihren angestammten Einheiten und sind ihren direkten Vorgesetzten unterstellt. Eine angemessene Projektorganisation soll gezielt mögliche Durchsetzungsschwierigkeiten bei der Arbeitsteilung beseitigen, indem sie klare Regeln für das Zusammenwirken der beteiligten Akteure bereitstellt und Unklarheiten, Widerstände und Motivationsmängel ausschließt. Wenn das im Unternehmen vorhandene Fachwissen für eine angestrebte Problemlösung nicht ausreichend erscheint, müssen externe Experten (Finanzierer, Makler, Anwälte, Berater etc.) hinzugezogen werden. Gerade bei internationalen Standortentscheidungen ist außerdem oft das Mitwirken von Personen mit entsprechender Sprachkenntnis und lokalem Marktwissen unumgänglich.

Beim Planen der Arbeitsteilung ist außerdem dem mit der notwendigen Berichterstattung verbundenen Aufwand für Information und Kommunikation Beachtung zu schenken. In einer Standortanalyse ist **Transparenz** aus mehreren Gründen erstrebenswert. Erstens setzt das Umsetzen der Handlungsempfehlung voraus, dass die Entscheidungsträger das Zustandekommen der Analyseergebnisse nachvollziehen können. Zweitens wird die Akzeptanz von Dritten hinsichtlich einer getroffenen Entscheidung durch eine explizite Dokumentation der Entscheidungsfindung erhöht. Wenn Rechenschaftspflicht gegenüber externen Anspruchsgruppen (Finanzierern, Gesellschaftern etc.) besteht, lassen sich die Analysen als Grundlage für die Berichterstattung heranziehen. Darüber hinaus trägt transparentes Vorgehen zum Aufbau von Fachkenntnissen über das jeweilige Entscheidungsproblem bei und stellt somit eine Grundlage für zukünftige Lernprozesse dar. Eine angemessene Dokumentation der Verfahrensschritte und ihrer Ergebnisse nimmt daher einen hohen Stellenwert für den Erfolg einer Standortanalyse ein. Sie sollten in einem übersichtlich gegliederten und in seinen Aussagen verständlichen sowie eindeutigen **Zwischen- oder Endbericht** gefasst werden. Dabei sind geeignete Darstellungsformen zu wählen, die den Bedürfnissen der jeweiligen Empfänger entsprechen. Neben der nachträglichen Information über die erzielten (Zwischen-)Resultate in Form von Untersuchungsberichten sollte zu Beginn der Analyse ebenfalls ein von den auftraggebenden Stellen genehmigtes **Planungsdokument** erstellt werden, welches neben dem Zweck der Untersuchung die Projektplanung für alle unmittelbar Beteiligten verbindlich offenlegt.

Berichterstattung

Das Planungsdokument sollte Zeitvorgaben bezüglich der Fertigstellung enthalten. Auch wenn es in der Vorbereitungsphase nicht möglich ist, Pläne aufzustellen, die bis in die Details ausgearbeitet und in sich stimmig sind, können auf diese Weise zumindest unrealistische Vorstellungen der Auftraggeber vermieden werden. Häufig wird der zeitliche Aufwand einer Standortanalyse, der sich bei wichtigen Entscheidungen auf mehr als ein Jahr belaufen kann, anfänglich unterschätzt. Die entscheidende Frage lautet dabei: *Wie schnell muss die Entscheidung getroffen werden?* Beim Vereinbaren des Projektablaufs und insbesondere des **Abschlusstermins** besteht oft ein Dilemma zwischen der Erwartung der Verantwortlichen hinsichtlich einer möglichst kurzfristigen Fertigstellung und dem zeitlichen Bedarf, den eine sorgfältige Ausführung erfordert. In der Regel spielt dabei der mit dem Datenerheben verbundene Zeitaufwand die entscheidende Rolle, sodass über Form und Quellen der Informationsbeschaffung zumindest Vorentscheide zu treffen sind. Beim Vorausberechnen der Gesamtdauer des Projekts gilt es auch die Phasen zu berücksichtigen, welche der Analyse nachfolgen, wenn sie zum Verwirklichen ihrer Empfehlungen notwendig sind, wie beispielsweise das Abstimmen der Entscheidungsträger oder das Verhandeln mit Interessengruppen.

Terminplan

Meilenstein   Weil zwangsläufig Unsicherheiten im Hinblick auf Termin- und Kosten-
überschreitungen bestehen bleiben, ist ein **Aufteilen des Projekts in Etap-
pen**, z. B. in die oben dargestellten Arbeitsschritte (Tab. 1), mit eigenen Zeitvorgaben und genau definierten Zwischenergebnissen (*„Meilensteine"*) hilfreich. Die Projektleitung kann so den Fortschritt beim Durchführen der
Analyse laufend im Hinblick auf die gesetzten Etappenziele überprüfen. Auf
diese Weise lässt sich die Planung nach und nach präzisieren und anpassen,
wenn sich etwa der Aufwand – d. h. Zeit und Kosten eines Arbeitsschrittes –
als unerwartet hoch erweist oder etwas wiederholt werden muss, weil es zu
unbefriedigenden Ergebnissen geführt hat. In der Regel ist nach einzelnen
Arbeitsschritten oder nach einer bestimmten Untersuchungsdauer, etwa der
Hälfte der geplanten Projektlaufzeit, ein Zwischenbericht an die Verantwortlichen zu erstellen. Über wesentliche Änderungen in der Planung, z. B.
was getroffene Festlegungen bezüglich der Gesamtdauer und der benötigten
Ressourcen betrifft, sind die Entscheidungsverantwortlichen in jedem Fall
zu informieren bzw. zu konsultieren.

Budget   Einem gründlichen Plan liegt die realistische Einschätzung benötigter **Ressourcen** zugrunde: *Reichen die verfügbaren Ressourcen zum Ermitteln einer
Problemlösung aus; ist das Beschaffen der zum Durchführen der Analyse nö-
tigen Informationen sichergestellt?* Falls davon ausgegangen werden kann,
dass die vorhandenen Ressourcen – dazu gehört nicht nur die finanzielle
Ausstattung, sondern auch geeignete Arbeitsmittel und -räume und vor allem
der unternehmensinterne Wissensstand – für eine Problemlösung nicht aus-
reichen, muss die geplante Durchführung der Analyse an dieser Stelle entweder angepasst oder abgebrochen werden. Im Zusammenhang mit der Bud-
getierung ist insbesondere der Personal- und Zeitbedarf einzuschätzen, weil
die Entlohnung für die Projektleitung und Projektmitarbeiter üblicherweise
den größten Kostenteil einer Standortanalyse ausmacht. Neben den Perso-
nalkosten für die internen Projektmitarbeitenden können außerdem Aufwendungen für Beratungsleistungen, Expertenhonorare, Gutachten und andere
externe Mandate anfallen. Dazu kommen möglicherweise Spesen wie etwa
Reiseentschädigungen oder Raummieten und vor allem die Kosten für die
Vergabe der Feldarbeit bei der Datenerhebung an eine externe Einrichtung.

3.2   Ziele setzen

Ausgangslage   Ein Projektplan ist erstellt und eine Bestimmung des Analyse-
gegenstands liegt ebenfalls schriftlich vor. Jetzt geht es darum, aus dem in der
Problemdefinition formulierten Entscheidungszweck die Absichten der Entscheidungsträger zu konkretisieren und in ein Schema zur Standortbegutachtung zu
überführen.

Aufgabe   Ein vergleichendes Untersuchen und Beurteilen verschiedener Standorte setzt voraus, dass diese in einheitlicher Weise betrachtet werden. Die Perspektive hängt dabei von der jeweiligen Zielsetzung ab. Ein Ziel beschreibt als
programmatische Richtgröße einen vom Entscheidungsträger gewollten zukünftigen Zustand, der durch die Entscheidung erreicht werden soll (SCHÖNWANDT

2006). Aus dem Verknüpfen von Einzelzielen ergeben sich Zielsysteme, welche, gegebenenfalls noch um die Angabe restriktiver Anforderungsniveaus ergänzt, die Grundlage für das Bewerten von Entscheidungsmöglichkeiten darstellen. Meistens sind räumliche Entscheidungsprobleme jedoch derart komplex, dass es unmöglich ist, alle infrage kommenden Elemente und deren Zusammenhänge zu definieren, geschweige denn präzise zu messen. Aus diesem Grund ist es bei einer Standortanalyse notwendig, durch gedankliche Reduktion und Abstraktion der Realität ein Modell zu erschaffen, das vorgibt, welche Aspekte untersucht werden sollen und wie diese miteinander in Beziehung stehen, sodass klar ist, wie sie später zusammengefasst werden sollen (SCHNEEWEIß 1991; ZIMMER-MANN/GUTSCHE 1991; WEBER 1993).

Ergebnis Das Zielsystem liegt schriftlich, als graphische Darstellung in Form eines Zielbaums vor. Dieser ist auch im erläuternden Bericht, z. B. als *Ziele* oder *Bewertungsmodell* bezeichnet, enthalten.

3.2.1 Ziele finden

Als Erstes geht es bei der Zielsetzung darum, *alle* Anliegen der relevanten Interessengruppen zu ermitteln, welche für die Entscheidung von Belang sind und nicht im Widerspruch zu den allgemeinen Unternehmenszielen stehen (HAMMOND et al. 1999). Diese Aspekte werden aus Gründen der Übersichtlichkeit am besten in einer als **Zielkatalog** bezeichneten Auflistung (Kap. 5.1.2) schriftlich formuliert, sodass eine möglichst genaue und umfassende Sammlung aller denkbaren Ziele vorliegt. Bei der für das Erstellen eines Zielkatalogs notwendigen Suche nach Präferenzvorstellungen, aber auch in den anderen Arbeitsschritten der Standortanalyse, etwa bei der Suche nach Problemen und Lösungsalternativen, spielt die Fähigkeit der beteiligten Personen, neue Gedanken zu entwickeln eine entscheidende Rolle. Zwar kann die Kenntnis über in anderen Abteilungen oder Unternehmen bereits vorhandene Lösungsansätze bezüglich ähnlich gelagerter Fragen zur Imitation, Abwandlung oder Übertragung hilfreich sein. Weil aber für spezifische Probleme auch maßgeschneiderte Lösungen zu finden sind, stellt die Standortanalyse immer einen kreativen Prozess dar. Als Hilfsmittel zum Fördern intuitiver Ideenfindung können hierbei die als **Kreativitätstechniken** bezeichneten Methoden dienen.

Zielkatalog

Kreativität

An dieser Stelle soll als Beispiel für das Vorgehen bei der Zielfindung die Idee des **Brainstorming** umrissen werden, welche die in der Praxis bekannteste und meist genutzte Kreativitätstechnik sein dürfte. Während sich der Ausdruck im allgemeinen Sprachgebrauch zum Allerweltsbegriff entwickelt hat, bezeichnet er in der wissenschaftlichen Literatur ein theoretisch fundiertes Verfahren, dessen Grundlagen hauptsächlich auf die Arbeiten von OSBORN (1948) und CLARK (1958) zurückgehen. Das Ziel besteht im Wesentlichen darin, während einer Gruppensitzung möglichst viele – daher die Bezeichnung „Gedankengewitter" oder „Denksturm" – spontan hervorgebrachte Einfälle zu sammeln. Man geht davon aus, dass es umso wahrscheinlicher ist, dass sich dabei zumindest eine brauchbare Überlegung findet, je größer die Menge potenzieller Anregungen ist. OSBORN (1957) schlägt folgende Grundregeln vor, die fördern sollen, dass die Teilnehmer eine möglichst hohe Anzahl an Ideen erzeugen (zweite und dritte Regel), indem sie einerseits ihrer Kreativität freien Lauf lassen (vierte Regel) und sich andererseits mit Werturteilen zurückhalten (erste Regel):

- Erste Regel: Wertende Kommentare und insbesondere Kritik an den Äußerungen anderer Teilnehmer sind während des Brainstorming nicht erlaubt; das Auswerten der Ideen erfolgt *nach* einer Sitzung *(Cricisism is ruled out!)*.
- Zweite Regel: Jede Anregung ist willkommen *(Free wheeling is welcomed!)*.
- Dritte Regel: Alle Teilnehmer sollen ihr Wissen einbringen, auch wenn es für das Problem als belanglos erscheint, denn es kann Assoziationen bei anderen Teilnehmern wecken *(Quantity is wanted!)*.
- Vierte Regel: Es gibt keinerlei Urheberrechte; die Ideen der anderen Teilnehmer können und sollen aufgegriffen und weiterentwickelt werden *(Combination and improvement are sought!)*.

Auf der Grundlage empirischer Forschungsarbeiten wird eine Vielzahl weiterer Regeln zum Durchführen einer Brainstormingsitzung empfohlen (MONGEAU/ MORR 1999). So sollten die Teilnehmer bereits vor der Zusammenkunft über die Grundstruktur des zu diskutierenden Problemgegenstands informiert werden. Bezüglich der Auswahl der Sitzungsteilnehmer wird geraten, dass sich „hierarchisch homogene" und „fachlich heterogene" Gruppen von sechs bis zwölf Personen zu einer Sitzung von maximal einer Stunde zusammenfinden: Erstens sollten Personen mit möglichst verschiedenen wie vielfältigen Wissensgebieten und Erfahrungen mitwirken, zweitens sollten möglichst geringe Rangunterschiede zwischen den Teilnehmern bestehen. Jeder Teilnehmende äußert spontan seine Gedanken zum Entscheidungsproblem. Assoziationen zwischen den Gedanken der einzelnen Personen sollen neue Anregungen freisetzen. Des Weiteren sollten noch ein Moderator und ein Protokollant anwesend sein. Dem Moderator kommt hierbei die Aufgabe zu, das Einhalten der vier Regeln sicherzustellen, den Kommunikationsfluss zu fördern und Abschweifungen zu verhindern. Die vorgebrachten Ideen werden vom Protokollanten aufgezeichnet. Anhand der Mitschrift lassen sich die Erkenntnisse nach der Versammlung ordnen, indem man zunächst ähnliche Gedanken zusammenfasst und diese dann anhand eines Kriteriums wie etwa ihrer Wichtigkeit oder Machbarkeit bewertet und sortiert. Der ganze Vorgang lässt sich so lange wiederholen, bis die Entscheidungsträger der Meinung sind, dass die Aufstellung alle wichtigen Merkmale des Problemgegenstands abdeckt. Die daraus resultierende Liste ergibt den Zielkatalog.

3.2.2 Ziele formulieren

Zieldimensionen   Eine möglichst genaue Zielformulierung, d. h. eine für alle beteiligten Personen verständliche und klare Vorstellung darüber, welche Aspekte hinsichtlich welcher Ausprägungen untersucht werden sollen, erleichtert das spätere Operationalisieren und Quantifizieren der Ziele durch Messkriterien (Kap. 3.4.1). Vor diesem Hintergrund kommt dem Klären der sogenannten Zieldimensionen eine hohe Bedeutung zu. Dabei handelt es sich um den Inhalt, das angestrebte Ausmaß und den zeitlichen Bezug der Ziele sowie ihrer Beziehungen untereinander (DINKELBACH 1982; HEINEN 1986).

Beim Klären des **Zielinhalts** geht es um die Frage, welche Zielgrößen verfolgt werden sollen. Dabei müssen allgemeine Aspekte weiter präzisiert werden. So sollte es beispielsweise statt *„Betriebskosten …"* zusätzlich *„…*

im Bereich der Arbeitslöhne" heißen. Des Weiteren ist darauf zu achten, die Ziele positiv zu formulieren, um auszudrücken, was durch sie erreicht – und nicht, was vermieden werden soll: z. B. *„Abnahme der Betriebskosten"* statt *„Vermeidung eines Anstiegs"*.

Das **Zielausmaß** gibt die Vorstellung der Entscheidungsträger wieder, in welche Richtung und in welcher Intensität der Zielinhalt verändert werden soll. Üblicherweise wird ein im Voraus unbekannter Maximal- oder Minimalwert des Zielinhalts angestrebt. Dann spricht man von einem Extremierungsziel. Satisfizierungsziele beinhalten dagegen Wertebereiche, für welche Ober- und Untergrenzen ausgewiesen worden sind, wie etwa *„Abnahme der Betriebskosten im Bereich der Arbeitslöhne zwischen 10 und 20 Prozent"*. Ein Approximierungsziel steht wiederum für einen bestimmten Wert, der möglichst genau erreicht werden *soll*. Bei Fixierungszielen handelt es sich hingegen um feste Werte, die exakt erreicht werden *müssen*.

Daneben lassen sich Ziele bezüglich ihrer Fristigkeit beschreiben, d. h. des **Zeitpunkts** oder **Zeitraums**, bis zu dem bzw. innerhalb dessen sie zu realisieren sind und ihre Wirkungen bewertet werden sollen, wie beispielsweise *„Abnahme der Betriebskosten im Bereich der Arbeitslöhne um 20 Prozent innerhalb von fünf Jahren"*. Wenn der Fertigstellungszeitpunkt einen wichtigen Gesichtspunkt darstellt, lässt sich dies als gesondertes Kriterium der Zielerreichung oder durch ein Aufteilen des Zielsystems in kurz-, mittel- und langfristige Ziele berücksichtigen.

Zuletzt muss beim Erstellen des Zielsystems (vgl. Kap. 3.2.3) festgelegt werden, wie die verschiedenen Ziele miteinander zusammenhängen. Üblicherweise werden die **Beziehungen** zwischen den Zielen hinsichtlich ihrer Verträglichkeit in eine von drei Klassen eingeteilt (BAMBERG/COENENBERG 2004; LAUX 2003):

- **Indifferenz**: Zwei Ziele sind indifferent oder neutral, wenn eine Veränderung des einen keinen Einfluss auf das andere hat.
- **Komplementarität**: Zwei Ziele sind komplementär, wenn ein Anstieg des einen zu einer Steigerung des anderen führt.
- **Konflikt**: Bei konfliktären Zielen geht die Verwirklichung des einen zulasten des anderen. Wenn die Ziele miteinander in Konflikt stehen, ist eine Festlegung bezüglich der relativen Wichtigkeit der Ziele mit Gewichtungsfaktoren (Kap. 4) erforderlich.

3.2.3 Ziele hierachisch ordnen

Nach dem Klären der Zieldimensionen erfolgt das vertikale und horizontale Anordnen der im Zielkatalog gebündelten Aspekte zu einem Zielsystem (HEINEN 1976; HEINEN 1986; YOON/HWANG 1995). Bei Standortentscheidungen eignet sich die meist als Zielhierarchie oder -baum bezeichnete Technik, welche das Prinzip einer linearen und hierarchischen Gliederung der Ziele aufgreift (SAATY 1990; HARVEY 1991; SAATY/VARGAS 2001).

Der Zweck einer hierarchischen Zielanordnung besteht in erster Linie darin, die komplexen Entscheidungsprobleme in leichter überschaubare Teilprobleme zu überführen (BROWNLOW/WATSON 1987). Psychologische Forschungsarbeiten zeigen, dass die **hierarchische Problemzerlegung** einem

Zielhierarchie

meist unbewusst ablaufenden Grundschema menschlichen Denkens entspricht. Dabei werden die Ziele so lange in immer konkretere Bestandteile aufgeteilt, bis sich die Standortalternativen anhand messbarer Kriterien bewerten lassen. Die Einzelergebnisse können unter Zuhilfenahme vorgegebener Regeln wieder zu einem Gesamturteil zusammengeführt werden (Kap. 3.4.3). Auf diese Weise müssen die Standorte nur bezüglich der auf den untersten Hierarchiestufen befindlichen Teilaspekte betrachtet werden, da diese den Zielkatalog der Entscheidungsträger vollständig beschreiben (Kap. 3.4.2).

Durch den hierarchischen Aufbau lässt sich ein einmal erstelltes Bewertungsmodell mit geringem Aufwand verändern und an wechselnde Entscheidungssituation anpassen. So lassen sich auch Erkenntnisse, die im späteren Verlauf der Analyse gewonnen werden, rasch berücksichtigen (SAATY/VARGAS 2001): Wenn sich beispielsweise bei der Alternativenbewertung herausstellt, dass einzelne Teilbereiche der Zielhierarchie unbedeutend sind, lassen sich diese einfach aus dem Bewertungsmodell entfernen. Umgekehrt können auch bedeutsame Elemente zu einem späteren Zeitpunkt vertieft untersucht oder neu hinzugefügt werden.

Zielbaum

Ein weiterer Vorteil dieser Modellierungstechnik besteht darin, dass ihre graphische Darstellung als Zielbaum, die ohne numerische Werte auskommt, zur Transparenz in der Standortanalyse beiträgt. So gibt der Zielbaum an, welche Aspekte für die Standortbewertung herangezogen werden. Ihre Position innerhalb des Baums beinhaltet Festlegungen zu den Arten, Bereichen und Beziehungen der Ziele. Insbesondere bei Gruppenentscheidungen bietet sich ein Zielbaum als Kommunikationsgrundlage an, um die Diskussionen über die Kriteriengewichtung und die Alternativenbewertung zu erleichtern (KEENEY 1988: 403; SALO/HÄMÄLÄINEN 1997: 318). Eine tabellarische Darstellung eines Zielsystems findet sich zum Vergleich in Kap. 6.4.2.2 (Tab. 48).

Hierarchieelement

Jedes Hierarchieelement entspricht einem Ziel (bzw. einem untergeordneten Messkriterium oder Indikator), das sich nach vertikalen und horizontalen Ordnungsprinzipien in das System einfügt. Folgendes Beispiel zeigt ein Bewertungsmodell mit elf Elementen (Abb. 1):

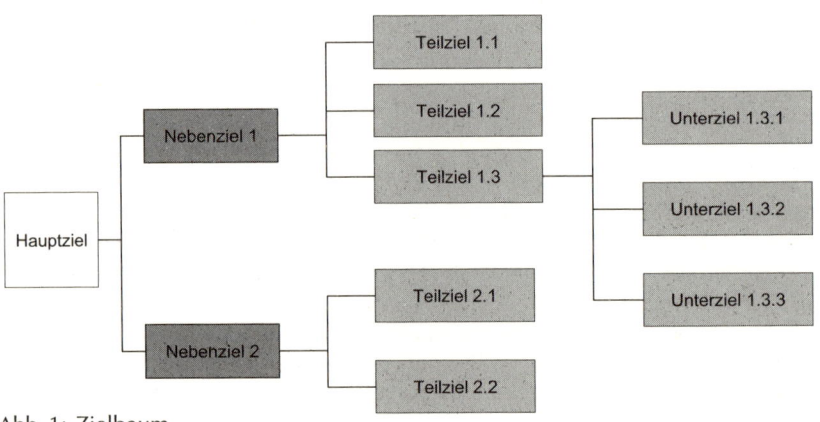

Abb. 1: Zielbaum

Die **vertikale Abstufung** des Zielsystems wird als Hierarchieebene bezeich- | Hierarchieebene
net. Sie ergibt sich aus dem Über- und Unterordnen der Einzelziele anhand
ihrer Relevanz für das Problemlösen. Hierfür werden alle im Zielkatalog
aufgeführten Aspekte in einer Rangordnung sortiert, sodass jedes Ziel einer
Zielart – im Beispiel: Haupt-, Neben-, Teil- und Unterziele – zugewiesen ist,
welche einer späteren Hierarchieebene entspricht. In der Praxis ist eine drei-
stufige Systemhierarchie typisch, es sind jedoch sowohl höher als auch niedriger abgestufte Systeme denkbar. Je weiter Ziele in der Hierarchie oben
stehen, desto mehr Einfluss nehmen sie auf das Gesamtergebnis der Standortbewertung. An der Spitze der Hierarchie steht immer ein einzelnes Element, welches das Hauptziel einer Entscheidung verkörpert und dessen
Erreichungsgrad das Leitbild der jeweiligen Problemlösung und die Gesamteinschätzung der Alternativen wiedergibt. Das Hauptziel einer Standortentscheidung sollte einem strategischen Unternehmensziel entsprechen oder
zumindest mit einem solchem in direktem Zusammenhang stehen. In den
meisten Fällen ist es empfehlenswert, beim Aufstellen einer Zielhierarchie
mit dieser zentralen Messgröße zu beginnen und diese schrittweise auf den
folgenden Hierarchieebenen in komplementäre Teilziele zu zerlegen, bis
alle Aspekte des Zielkatalogs aufgeführt sind. So enthalten die oberen Ebenen tendenziell wenige und inhaltlich eher vage Komponenten, wogegen
sich auf den unteren Ebenen eine Vielzahl stark differenzierter, konkreter
Elemente befindet. Auf diese Weise lassen sich wichtige Hierarchiebereiche
(im Beispiel Teilziel 1.3) detailliert ausarbeiten, während andere, die als weniger bedeutend angesehen werden, in den oberen Hierarchieebenen pau-
schal behandelt werden.

Die **horizontale Aufteilung** innerhalb der Ebenen eines Zielsystems ergibt | Hierarchiegruppen
sich aus der Zuordnung mehrerer Elemente zu einem übergeordneten Ele-
ment. Die Gliederungseinheiten werden als Hierarchiegruppen bezeichnet
und stellen jeweils separat zu betrachtende inhaltliche Zielbereiche dar. Die
Elemente innerhalb einer Gruppe sollen ihrerseits jeweils eine andere Di-
mension des übergeordneten Ziels repräsentieren. In den meisten Fällen
gruppiert man die Ziele nach funktionalen Zusammenhängen wie z. B. Verkehrsanbindung, Versorgung oder soziales Umfeld. Es ist aber auch denkbar,
nach der Fristigkeit (kurz-, mittel- und langfristig), nach Unternehmensbereichen (Beschaffung, Produktion, Absatz etc.) oder nach der räumlichen Betrachtungsebene (lokal, regional, national) vorzugehen. Im obigen Beispiel
gibt es jeweils eine Gruppe auf der Ebene der Neben- und der Unterziele sowie zwei Gruppen bei den Teilzielen; zwei Gruppen beinhalten zwei Elemente und die anderen beiden drei. In einer späteren Analysephase können
die einzelnen Elemente anhand dieser Einteilungen wieder zusammengeführt werden, um eine Gesamteinschätzung der Alternativen zu ermöglichen
(Kap. 3.4.3). Dabei lassen sich die Bedeutungsunterschiede zwischen den
Elementen, welche derselben Zielgruppe angehören, durch Gewichtungsfaktoren wiedergeben (Kap. 4). Im Hinblick auf die Übersichtlichkeit und die
Schwierigkeit späterer Rechenoperationen im Rahmen der Gewichtung und
Bewertung ist es zweckmäßig, die Anzahl der Elemente in den Gruppen auf
höchstens sieben Elemente (plus minus zwei) zu begrenzen (MILLER 1956).

Komplementäre Zielbeziehungen werden durch vertikale Verbindungsli- | Zielkette
nien zwischen den Hierarchieelementen dargestellt. Die fortlaufende Folge

mehrerer verbundener Hierarchieelemente bezeichnet man als Zielkette. So verläuft im Beispiel eine Zielkette vom Unterziel 1.3.3 über Teilziel 1.3 zu Nebenziel 1 (Abb. 1). Die unteren Endpunkte der Zielketten entsprechen den Messkriterien, mit denen der Zielerreichungsgrad von Alternativen anhand empirischer Daten ermittelt wird. Um hierbei unnötigen Aufwand zu vermeiden, sollten die Messkriterien erst bestimmt werden, wenn die zu beurteilenden Wahlmöglichkeiten bekannt sind (LIBERATORE/NYDICK 2004). Daher werden die Grundsätze beim Bestimmen der Messkriterien dem ablauforientierten Charakter der Kapitelgliederung entsprechend ebenfalls erst nach der Alternativenwahl, in Kap. 3.4.1.1 behandelt. Darüber hinaus wird gezeigt, wie sich das Grundprinzip der hierarchischen Modellierung auch in späteren Phasen der Standortanalysen einsetzen lässt: als **Entscheidungsbaum** zur Unterstützung bei der Alternativenbewertung (Kap. 3.5.2) oder als **Ereignisbaum** zur Dokumentation des Untersuchungsablaufs (Kap. 3.3.1.2).

3.2.4 Mindestanforderungen verwenden

In vielen Entscheidungssituationen kann es sinnvoll sein, das Zielsystem durch das Festlegen von (Mindest-)Anforderungen zu ergänzen. So lässt sich der Analyseaufwand verringern, wenn sich die Entscheidungsträger mit einer zufriedenstellenden Problemlösung begnügen. In solchen Fällen ist lediglich zu prüfen, ob ein Standort ein bestimmtes Zielerreichungsniveau, das die Entscheidungsträger für eine Problemlösung als *ausreichend* erachten erfüllt oder nicht. Eine genaues Messen (Kap. 3.4.1.2) der Zielerreichungswerte ist daher nicht notwendig: Liegt der Ausprägungswert eines Kriteriums (x_i) unter der Anforderung x^*, so ist der damit verbundene Zielerreichungsgrad bzw. Nutzen (u) der Merkmalsausprägung x_i gleich null: $u(x_i) = 0$ für $x_i \leq x^*$. Je nach der Richtung der Zielbewertung können die Anforderungen Minimalwerte (z. B. Qualität) oder Maximalwerte (z. B. Kosten) darstellen (vgl. Kap. 3.4.2). Meist werden Anforderungen aber als Ausschlusskriterien zum sofortigen Beseitigen von Alternativen in einer vorgelagerten Untersuchungsphase verwendet und repräsentieren die Grenzwerte

Ausschlusskriterien

Abb. 2 verdeutlicht die möglichen Wirkungen von Ausschlusskriterien. Jeder Standort gilt als akzeptabel, solange er die Anforderungen erfüllt. Die schraffierte Fläche zeigt den Bereich, der unterhalb eines solchen Grenzwerts liegt und somit zum Ausschluss von Alternativen führt.

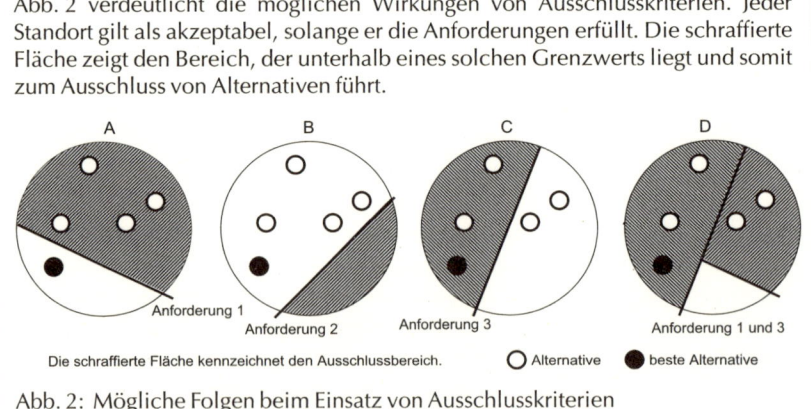

Die schraffierte Fläche kennzeichnet den Ausschlussbereich.   ○ Alternative   ● beste Alternative

Abb. 2: Mögliche Folgen beim Einsatz von Ausschlusskriterien

der Zielerreichung, welche zum Lösen der Problemstellung als *zwingend* notwendig erachtet werden (vgl. Kap. 3.3.2).

> Im Idealfall reicht der Einsatz von Ausschlusskriterien für das Ermitteln der best-möglichen Problemlösung aus (Anforderung 1; Fall A). Ihr Einsatz ist jedoch sorg-fältig abzuwägen. Anforderungen, die zu niedrig sind, d. h. unterhalb aller Alter-nativenwerte liegen, kann man sich sparen, weil sie wirkungslos bleiben (Anfor-derung 2, Fall B). Zu viele oder zu hohe Grenzwerte können andererseits im Ex-tremfall alle verfügbaren Alternativen ausschließen (Anforderungen 1 und 3 gleichzeitig; Fall D). Im schlimmsten Fall wird wegen einer Anforderung diejeni-ge Option ausgesiebt, welche insgesamt den höchsten Zielerreichungsgrad auf-weist und eine falsche Handlungsempfehlung gegeben (Anforderung 3; Fall C).

Der Einsatz restriktiver Anforderungen stellt ein wichtiges Element zur Rah-mensetzung bei der meist mehrstufig abfolgenden Suche und Bewertung von Standorten dar (Kap. 3.3.2). Er sollte aber nur mit Bedacht genutzt wer-den, weil die Gefahr besteht, dass insgesamt gute Alternativen voreilig aus-geschlossen werden. Beim Formulieren der Anforderungen sollte man sich daher auf solche Werte beschränken, deren Erfüllen für die Problemlösung als absolut zwingend vorausgesetzt wird. Bei vielen Standortentscheidun-gen gibt es beispielsweise rechtliche Standards, die auf jeden Fall eingehal-ten sein müssen. Umgekehrt kann es sogenannte „Tabu-Eigenschaften" ge-ben, die für eine Merkmalsausprägung stehen, welche auf keinen Fall vor-handen sein darf. Darüber hinaus können Anforderungen erforderlich sein, wenn für eine genauere Alternativeneinschätzung nicht ausreichend Res- Quick Scan
sourcen verfügbar sind, weil z. B. die Alternativzahl zu hoch ist oder das Messen bestimmter Kriterien zu aufwendig wäre. Das Festlegen der Anfor-derungen sollte daher parallel zur Alternativensuche erfolgen, um ihre Trag-weite abzuklären. Die entscheidende Frage lautet dabei: *Wie viele Alterna-tiven liegen vor, wie viele sollen (vorher und nachher) untersucht werden und wie viele werden voraussichtlich ausgeschlossen?* Entsprechende Re-geln für einen gezielten Einsatz von Anforderungen behandelt Kap. 6.1.2.

3.3 Standortalternativen mehrstufig wählen

> **Ausgangslage**   Bei entscheidungsorientierten Standortanalysen, deren Aufgabe darin besteht, Entscheidungsträgern eine Handlungsempfehlung vorzulegen, mit der sich deren Ziele bestmöglich realisieren lassen, stellen Alternativenwahl und -bewertung die eigentliche Durchführungsphase dar. Weil bei räumlichen Ent-scheidungen üblicherweise weder die genauen Ziele noch die geeigneten Prob-lemlösungen von vornherein vollständig bekannt sind, ist die Auswahl möglicher Optionen erst nach erfolgter Zielsetzung sinnvoll.
>
> **Aufgabe**   Zu prüfen sind unterschiedliche standortbezogene Maßnahmen, d. h. entweder Veränderungen der Standortstruktur oder unterschiedliche Formen der Standortnutzung, aber immer auch die Nulloption, also das Beibehalten des ge-genwärtigen Zustands (Kap. 2.2.1). Meist ist dabei die Anzahl möglicher Alterna-tiven unüberschaubar oder sogar (quasi) unendlich (MALCZEWSKI 1999; GRÜNIG/ KÜHN 2006). Aufgrund des damit verbundenen Aufwands und der Komplexität

der Analyse ist bei der Entscheidungsfindung der Gebrauch heuristischer Auswahlregeln unumgänglich. Es gilt, eine bewusste Auswahl derjenigen Optionen vorzunehmen, an denen eine Messung vollzogen werden soll. Ein systematisches Vorgehen bei der Lösungssuche soll einerseits gewährleisten, dass möglichst alle infrage kommenden Optionen berücksichtigt werden und man sich nicht vorschnell auf eine möglicherweise bereits bekannte aber unzweckmäßige Alternative beschränkt. Andererseits gilt es sicherzustellen, dass sich die Betrachtung nur auf aussichtsreiche Alternativen erstreckt und keine untauglichen untersucht. Für eine entsprechende Prozedur bietet sich der kombinierte Einsatz zweier Strukturierungskonzepte an: das Zerlegen der Analyse in mehrere Phasen anhand räumlicher Betrachtungsebenen und das als Screening bezeichnete schrittweise Erhöhen des Detaillierungsgrades der Untersuchung. Auf diese Weise geht eine verringerte Alternativenzahl mit einem vergrößerten Untersuchungstiefgang einher, sodass die erforderlichen Datenmengen in den einzelnen Analysephasen überschaubar bleiben.

Ergebnis   Als Resultat der Alternativenwahl liegt eine Anzahl Erfolg versprechender Lösungen vor, bei denen man davon ausgeht, dass sie grundsätzlich geeignet sind, die Ziele der Entscheidungsträger zu erreichen. Diese bilden die Grundlage für die Alternativenbewertung im nächsten Arbeitsschritt. Bei Standortanalysen ist es für eine endgültige Entscheidungsfindung meist notwendig, dass sich dieser Vorgang der Auswahl und Bewertung von Alternativen mehrmals wiederholt. Im erläuternden Bericht sollten alle betrachteten Standorte – evtl. in einem eigenen Kapitel *Untersuchte Lösungen*, angegeben sein. Die Ergebnisse der einzelnen Analysestufen sind getrennt aufzuführen, z.B. als Unterabschnitte *Vorstudie*, *Grobselektion* und *Entscheidung* – und möglicherweise durch einen Ereignisbaum zu veranschaulichen – sodass der Leser den verfolgten Lösungsweg bis zur endgültigen Handlungsempfehlung nachvollziehen kann. In vielen Fällen wird den Entscheidungsträgern nach einer Analysestufe ein Zwischenbericht vorgelegt, um über das weitere Vorgehen zu beraten.

3.3.1 Untersuchungsraum bestimmen

Standortanalysen untersuchen Raumeinheiten, deren Zielerreichung durch Bewertungskriterien beschreibbar ist. Dies setzt Festlegungen bezüglich ihrer Abgrenzung sowie der Reihenfolge ihrer Betrachtung voraus.

3.3.1.1 Abgrenzen

Standort, Grenze

Grundsätzlich sollten die Untersuchungsräume so zugeschnitten sein, dass die Analysekriterien innerhalb der Raumeinheiten möglichst homogen und zwischen den Raumeinheiten möglichst heterogen ausgeprägt sind (Hanisch 1998). Dabei wirkt erschwerend, dass Standorte offene Systeme darstellen – also eine Menge von miteinander verbundenen Elementen, die aber gleichzeitig auch mit der Umwelt in Beziehung stehen – und sich somit nicht eindeutig abtrennen lassen (Weber 1993). Das Festlegen von Standortgrenzen hängt vielmehr von den Zielen der zu treffenden Entscheidung und der **Reichweite** ihrer Messkriterien ab. Wenn beispielsweise das Absatzpotenzial für die Standortbewertung eine entscheidende Rolle spielt, können sich die Grenzen an Kundendatenerhebungen orientieren und z. B. den Einzugsbereich von 70%, 20% oder 10% der Kundschaft umfassen. Die Frage lautet also immer: *Welche Raumeinheiten sollen für die jeweilige Zielsetzung betrachtet werden, welche nicht?* Um die Eigenschaften mehrerer Standorte miteinander vergleichen zu können, sollte zudem ihre Ausdehnung einheitlich festgelegt sein, weil Größe und Zuschnitt der räumlichen Untersuchungseinheiten über den Zielerfüllungsgrad entscheiden. Als entsprechende Abgrenzungskriterien können beispielsweise Flächen, wie etwa konzentrische Kreise im 500-Meter-Radius um den Mittelpunkt des Stadtzentrums oder eines Grundstücks, oder auch (Zeit-)Distanzen (Isochronen), wie etwa zehn Gehminuten vom Mittelpunkt, genutzt werden.

Neben inhaltlichen Gesichtspunkten spielen beim Auswählen und Abgrenzen der Untersuchungsräume auch **pragmatisch-forschungsökonomische Überlegungen** im Zusammenhang mit der Datenverfügbarkeit eine Rolle. Die Frage lautet diesbezüglich: *Welche Raumeinheiten können für die jeweilige Zielsetzung betrachtet werden, welche nicht?* Die Datenerhebung kann in der Praxis große Probleme bereiten und ist häufig mit den für die Analyse verfügbaren Ressourcen nicht umsetzbar. Daher bietet sich eine Orientierung an bestehende administrative Raumeinheiten wie etwa Stadtbezirke, Gemeinden oder Landkreise an, für welche Sekundärdaten der amtlichen Statistik vorliegen, sodass der Datenerhebungsprozess zumindest teilweise entfällt. Allerdings kann das Verwenden von Sekundärdatenbeständen inhaltliche Probleme aufwerfen, wenn beispielsweise ein Standort genau auf der Grenze zweier Statistikbezirke liegt. Außerdem ermöglichen die allgemein verfügbaren Daten, die zudem unter Umständen fehlerhaft und veraltet sein können, in den meisten Fällen nur eine indirekte Messung von Zielsetzungen anhand von Indikatoren. Dennoch dürften amtliche Statistiken neben Einschätzungen auf Ratingskalen die häufigste Datengrundlage bei Standortanalysen darstellen (Kap. 3.4.1.1).

Standort, Daten

Bei Standortentscheidungen überlagern sich **Einflussfaktoren mit unterschiedlicher räumlicher Reichweite**. Neben Bewertungskriterien, welche das Entscheidungsergebnis auf nationaler Ebene einheitlich beeinflussen (Zinsniveau, Währungskurs etc.) gibt es auch innerhalb eines Landes relevante Aspekte, deren Ausprägungen auf regionaler Ebene stark voneinander abweichen können, wie z. B. Arbeitslosigkeit, Lohnkosten, Gewerbesteuer oder Haushaltseinkommen. Überdies bestehen in der Regel auch im Bereich regionaler oder städtischer Gebiete große Unterschiede hinsichtlich der lokalen Standort- und Marktbedingungen. Ein mehrstufiges Zerlegen von Standortanalysen in eine Reihe von nacheinander durchzuführende Untersuchungen, etwa ein dreistufiges **Trennen der Analyse in eine Makro-, Meso- und Mikroebene**, bietet daher die Möglichkeit für jede Ebene ein eigenes Zielsystem zu formulieren. Damit lässt sich die jeweils gleichzeitig zu betrachtende Anzahl an Entscheidungskriterien und auch der Alternativen reduzieren. In vielen Fällen kann es ebenfalls sinnvoll sein, die horizontale Gliederung des Zielbaums nach der räumlichen Betrachtungsebene vorzunehmen. Die möglicherweise gewichteten Teilergebnisse lassen sich dann zu einem Gesamtwert zusammenfassen, um beispielsweise in der Endauswahl für einzelne Alternativen eine umfassende Einschätzung ihrer Attraktivität zu gewährleisten (vgl. Kap. 3.3.1.2).

Räumliche Betrachtungsebenen

Makroanalyse

Die Makroebene entspricht üblicherweise dem Nationalstaat. Hier werden die **Rahmenbedingungen** einer Standortentscheidung untersucht, welche die Situation des **makroökonomischen Umfelds** nahezu unabhängig vom konkreten Untersuchungsobjekt wiedergeben. Einerseits können beispielsweise Anforderungen hinsichtlich rechtlicher und steuerlicher Gegebenheiten, politischer Stabilität, kultureller Nähe oder infrastruktureller Ausstattung zum Ausschluss möglicher Investitionsziele herangezogen werden. Andererseits lassen grundlegende Faktoren, wie etwa der Konjunkturverlauf oder die Währungskursentwicklung auf das Diversifikationspotenzial der Anlageobjekte im Rahmen einer Portfoliostrategie schließen. Die hierfür erforderlichen Daten auf nationalstaatlicher Ebene sind aus **Sekundärquellen** amtlicher und kommerzieller Anbieter normalerweise gut verfügbar.

Mesoanalyse

Auf der Mesoebene werden **regionale Strukturdaten** und das **Marktumfeld** einer Investition betrachtet, d. h. die aktuelle Angebots- und Nachfragesituation regionaler Märkte sowie deren Zukunftsaussichten. Bei einer solchen Marktbewertung spielen üblicherweise Faktoren wie Größe, Wachstum, Rentabilität, Preisentwicklung und Wettbewerbsdruck eine Rolle. Die Mesoebene entspricht üblicherweise einem Landkreis oder einer Stadt. Regionale Strukturdaten und gesetzliche Rahmenbedingungen können üblicherweise der amtlichen Statistik entnommen werden. Schwieriger ist die Verfügbarkeit von branchenspezifischen Informationen, allerdings hat sich in den letzten Jahren die Datenlage für die meisten Wirtschaftsbereiche durch das wachsende Angebot privater Marktforschungsunternehmen erheblich verbessert. Zu nennen wäre etwa die auf Online-Standortanalysen spezialisierte GB Consile GmbH (www.standortanalyse.biz).

Mikroanalyse

Die Mikroebene bezieht sich auf städtische Teilräume und umfasst die **unmittelbare lokale Umgebung** eines Grundstücks oder Gebäudes und stellt den Schwerpunkt der Standortanalyse dar. Sie beschäftigt sich mit den spezifischen qualitativen und quantitativen innerörtlichen Faktoren der Umfeldattraktivität wie etwa Stadtlage, Baurecht, Versorgungsangebot, natürliche Umweltqualität, Passantenfrequenz oder Parkplatzmöglichkeiten, oft auch Grundstücksgröße und -kosten. Weil die Ausprägungen der meisten Standortfaktoren ein sehr kleinräumiges, ortsgebundenes Phänomen darstellen, hängt letztlich auch der Erfolg von Standortentscheidungen von lokalen Aspekten ab (THRALL 2002). Dementsprechend sollte man im Vergleich zu den übergeordneten Raumeinheiten einen erhöhten Detaillierungsgrad der Untersuchung durch eine vergrößerte Anzahl zu untersuchender Aspekte und Alternativen sowie eine genauere Messung anstreben. Dies wird aber insofern erschwert, als dass auf der Mikroebene kaum auf vorhandenes Datenmaterial zurückgegriffen werden kann. Als Konsequenz ist im Rahmen der Analyse lokaler Standort- und Markteigenschaften meist eine eigenständige **Primärdatenerhebung** durch Feldstudien oder Ratingskalen im Rahmen von Experteninterviews unerlässlich. Einen Leitfaden zum Erarbeiten von Erhebungsinstrumenten sowie eine umfassend geprüfte Vorlage zur standardisierten Erfassung allgemeiner Merkmale städtischer Teilräume im Rahmen einer Begehung stellt LIFKA (2009) vor. Meist geht es in der Standortanalyse nicht um Verlagerungen über eine große Distanz oder gar ins Ausland, sondern um Umsiedlungsbestrebungen ins nähere Umland, sodass ausschließlich lokale Faktoren zu untersuchen sind. Aber auch dann kann die Anzahl möglicher Alternativen unüberschaubar sein, weshalb eine zusätzliche Abstufung innerhalb der Mikroebene hilfreich ist, bei der beispielsweise das Beurteilen von Teilmärkten oder Stadtvierteln einem Einschätzen grundstücksbezogener Lagefaktoren vorausgeht.

3.3.1.2 Reihenfolge

Der Prozess der Alternativenwahl und -bewertung lässt sich anhand der Betrachtungsebenen in mehrere aufeinander aufbauende Phasen zerlegen, die der Reihe nach getrennt zu bearbeiten sind. Bezüglich der Betrachtungsreihenfolge gibt es zwei gegenläufige Phasenmodelle, welche sich in Anlehnung an das Verfahren bei der sogenannten Fundamentalanalyse am Kapitalmarkt entweder als Top-down- oder als Bottom-up-Ansatz bezeichnen lassen (PRIERMEIER 2006).

Der Top-down-Ansatz ermöglicht ein schrittweises Einengen der Untersuchungsräume und damit der Menge an Entscheidungsmöglichkeiten und erleichtert somit vor allem das Lösen von Problemen der **Standortwahl**. In einer räumlichen Top-down-Analyse geht es folglich meist darum, auf jeder Betrachtungsebene die attraktivste Standortalternative hinsichtlich eines bestimmten Nutzungskonzeptes zu identifizieren, um den Erwerb eines a priori

Top-down-Ansatz

Das im Rahmen der Zielsetzung empfohlene Prinzip der hierarchischen Gliederung kann auch genutzt werden, um den Verlauf mehrstufiger Standortanalysen retrospektiv zu veranschaulichen. Die folgende Abb. 3 zeigt hierfür als Beispiel die Standortwahl für ein medizintechnisches Forschungszentrum

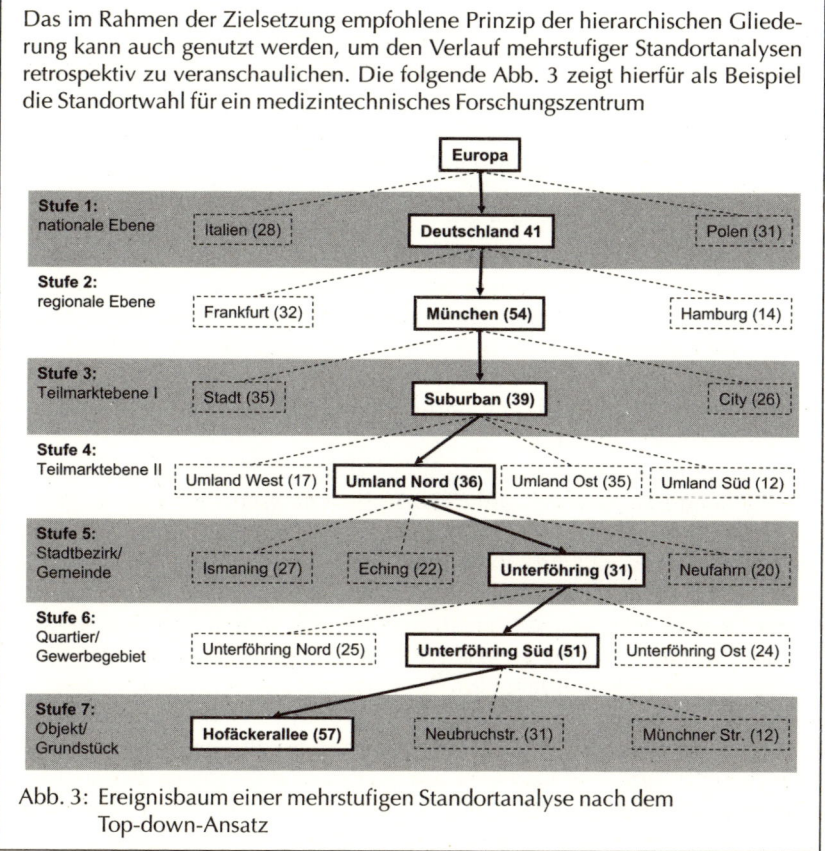

Abb. 3: Ereignisbaum einer mehrstufigen Standortanalyse nach dem Top-down-Ansatz

> An der Spitze der Hierarchie steht die Grundgesamtheit aller ursprünglich in Betracht gezogenen Alternativen. Die unterste Ebene stellt die letzte Auswahlstufe mit dem gewählten Standort dar. Die dazwischen liegenden Ebenen zeigen somit Vorstufen der Entscheidungsfindung: Auf jeder Ebene wurde eine Standortwahl getroffen. Die Pfeile zeigen den verfolgten Weg bis zur vorgeschlagenen Handlungsempfehlung. Aus Gründen der Übersichtlichkeit beschränkt sich die Darstellung auf diejenigen (drei bis vier) Alternativen, welche dabei in die engere Wahl gezogen wurden. Die Zahlenwerte geben die normierten Ergebnisse ihrer Bewertung an. Dadurch wird deutlich, dass die Entscheidung auf einigen Ebenen sehr knapp ausfiel.

unbekannten (Investitions-)Objekts – also eines Grundstücks oder eines Gebäudes – vorzubereiten (MUNCKE 1996). Hinsichtlich der Untersuchungsräume wird dabei ein zunehmendes Konkretisieren der Betrachtung von „oben nach unten" vorgenommen, wobei sie sich **stufenweise auf kleinere Raumeinheiten** einschränkt: Das Ergebnis der Alternativenwahl und -bewertung gibt die Gesamtmenge der Entscheidungsmöglichkeiten auf der nachfolgenden Ebene vor, anschließend sind innerhalb dieser Unteralternativen zu ermitteln und ihrerseits zu bewerten etc. – bis der Untersuchungszweck erfüllt ist. Auch in Bezug auf die betrachteten Standortmerkmale geht dabei der Blickwinkel der Untersuchung schrittweise von allgemeinen, umfassenden Strukturen zu immer spezielleren Details der Problemlösung über.

Bottom-up-Ansatz   In der Praxis können Entscheidungsprobleme auch eine umgekehrte Reihenfolge der Betrachtung erfordern, die sich räumlich und inhaltlich von speziellen Details ausgehend schrittweise ausdehnt, um aus der **Gesamteinschätzung** aller relevanten Einflussfaktoren eine Problemlösung abzuleiten. Ein solcher Bottom-up-Ansatz eignet sich in der Standortplanung vor allem für Entscheidungssituationen, in denen bestimmte Standorte als Untersuchungsobjekte vorgegeben sind und verschiedene Handlungsmaßnahmen auf ihre Vorteilhaftigkeit untersucht werden sollen. Dementsprechend prüft eine Bottom-up-Analyse die Vorteilhaftigkeit **alternativer standortbezogener Maßnahmen** anhand der gegebenen Standort- und Marktbedingungen (z. B. Merkmale der Kundschaft oder Bewohnerschaft), um die bestmögliche Nutzung und Gestaltung eines Unternehmensstandorts zu ermitteln (Abb. 4).

Außerdem stellt der Bottom-up-Ansatz die geeignete Vorgehensweise für vergleichende **Benchmark- oder Portfolio-Analysen** mehrerer Unternehmensstandorte dar (BONE-WINKEL 2000). Zur Unterstützung bei der Ermittlung möglicher Handlungsalternativen im Rahmen der Bottom-up-Analyse bietet sich der Einsatz der sogenannten „morphologischen" Kreativitätstechniken (ZWICKY 1966) sowie der Bewertungsregeln aus Kap. 6.3 an. Auch wenn einzelne Standorte bereits zu Analysebeginn als Untersuchungsobjekte feststehen, ist ein Auffächern der Untersuchung auf mehrere räumliche Betrachtungsebenen zweckmäßig. So existiert meist eine beinahe unendliche Anzahl an Möglichkeiten für die genaue Gestaltung und Nutzung einer Betriebsstätte, was eine Zerlegung der Analyse zur Komplexitätsreduzierung erfordert (GRÜNIG/KÜHN 2006). Die Beurteilung der Alternativen beschränkt sich in diesem Fall anfangs auf die lokalen Standortbedingungen und wendet sich danach der regionalen Marktsituation zu. Gegebenenfalls können auch die nationalen Rahmenbedingungen eine Rolle spielen.

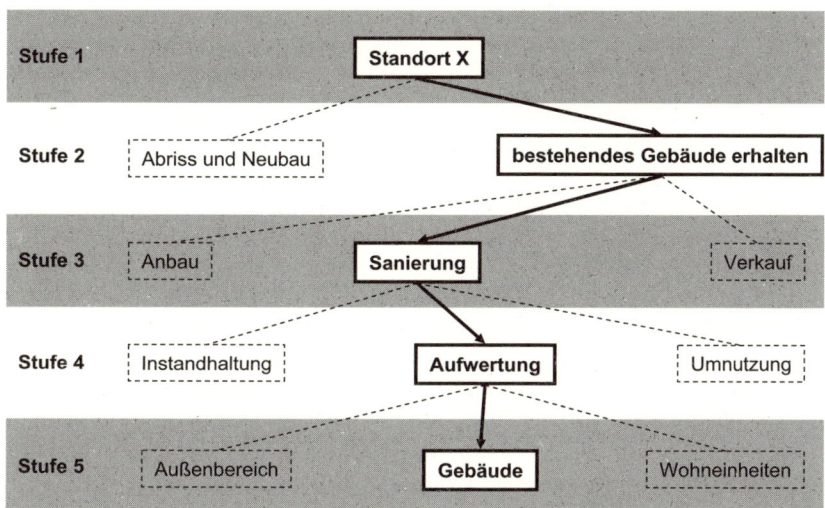

Abb. 4: Ereignisbaum einer mehrstufigen Standortanalyse nach dem Bottom-up-Ansatz

3.3.2 Untersuchungstiefgang

Screening

Bei Standortentscheidungen bietet sich ein, oft als Screening (Filtern) bezeichneter, systematischer **Ausleseprozess** an, der mehrere analytische Betrachtungsphasen umfasst (SCHMENNER 1982; HAIGH 1989). Das Konkretisieren der Problemlösung nimmt dabei – vom Ausschluss unterlegener Alternativen über eine Grobauswahl zur ausführlichen Betrachtung einzelner Entscheidungsmöglichkeiten – schrittweise zu. Der Untersuchungsaufwand bleibt in den einzelnen Phasen aber in etwa gleich, weil die abnehmende Alternativenzahl die Zunahme an Bewertungskriterien und die genauere Messung ihrer Ausprägungen ausgleicht. Außerdem kann, wenn sich in einer Analysephase herausstellt, dass sich bei einzelnen Kriterien die Einschätzungen oder Messdaten der Alternativen kaum unterscheiden, durch deren Ausschluss der spätere Untersuchungsaufwand zusätzlich verringert werden.

Vorauswahl

Grundlage der Alternativenselektion sollte eine möglichst vollständige Betrachtung aller infrage kommenden Alternativen darstellen. Um den damit verbundenen Untersuchungsaufwand zu bewältigen, ist in vielen Fällen eine vorlaufende Eignungsprüfung (**Quick Scan**) erforderlich. In dieser ersten, oft auch als Elimination bezeichneten Analysestufe geht es noch nicht um das Bewerten der Zielerreichung. Stattdessen werden Alternativen aussortiert, wenn sie zentrale **Anforderungen** nicht erfüllen, weil sie ein bestimmtes Standortmerkmal nicht aufweisen, rechtliche Probleme mit sich bringen oder zu teuer sind (Kap. 3.2.4). Um brauchbare von ungeeigneten Entscheidungsmöglichkeiten abzugrenzen, ist weder ein vollständiger Kriteriensatz notwendig, noch ein genaues Erfassen der Kriterienausprägungen.

Es reicht aus, Informationen (möglichst Sekundärdaten) über das Erfüllen einzelner Anforderungen zu sammeln und diese nacheinander bei einer immer kleiner werdende Alternativzahl einzusetzen. Nur diejenigen Alternativen kommen als engere Auswahl in die nächste Analysestufe, welche alle unbedingt notwendigen Standorteigenschaften aufweisen. Anhand einzelner Anforderungsprüfungen werden so viele Alternativen ausgesiebt, bis eine genauere Untersuchung der verbleibenden Standorte möglich ist. Dabei kann man entweder das Anforderungsniveau erhöhen oder zusätzliche Ausschlusskriterien betrachten (Kap. 6.1.2). Die Ausgangszahl der zu untersuchenden Alternativen hängt von der jeweiligen Entscheidung, den vorliegenden Daten und den verfügbaren Ressourcen ab. Meist beschränkt man sich auf eine überschaubare Anzahl von etwa 20 Standorten, oft kommen aber auch Hunderte von Alternativen infrage. Als Ergebnis verbleibt gewöhnlich eine Vorauswahl (**Longlist**) von etwa 10 bis 25 Alternativen.

Grobauswahl   In einer zweiten Analysestufe geht es um die Frage: *Bei welchen Alternativen bzw. an welchen Standorten sind die wichtigsten Standorteigenschaften positiv ausgeprägt?* Hierfür werden die übrig gebliebenen Optionen anhand einer begrenzten Zahl von **Schlüsselfaktoren** einer **summarischen Prüfung** unterzogen, um einzelne Wahlmöglichkeiten in die engere Auswahl zu ziehen: Statt exakter Werte geht es dabei lediglich um eine grobe, **qualitative Einschätzung** der maßgebenden Kriterien anhand von Erfüllungskategorien wie z. B. *gut, mittel, schlecht.* Als Ergebnis lassen sich die Alternativen, welche die Vorauswahl überstanden haben, mithilfe entsprechender Bewertungsinstrumente – geeignete Regeln stellen alle einfachen kompensatorischen Ratingmethoden dar (Kap. 5.2) – anhand ihrer Gesamteinschätzung in eine Rangfolge bringen, sodass die besten, meist drei bis fünf Standorte als Kandidaten für die Endauswahl (**Shortlist**) selektiert werden können.

Endauswahl   In der letzten Phase der Standortwahl und -bewertung geht es darum, eine einzelne, zu bevorzugende Problemlösung zu identifizieren. Es soll diejenige ermittelt werden, welche als Endergebnis der Standortanalyse – ggf. zusätzlich hinsichtlich der Risiken geprüft und mit den Ergebnissen monetärer Analysen kombiniert – den Entscheidungsträgern vorgeschlagen wird. Die Frage lautet: *An welchem Standort sind alle Ziele insgesamt am besten erfüllt?* Um zu einer eindeutigen Handlungsempfehlung zu gelangen, ist eine **genaue Einschätzung** der restlichen Alternativen erforderlich, um eine Präferenzordnung zu erstellen. Hierfür müssen alle relevanten Kriterien möglichst unter Verwendung formaler kompensatorischer Bewertungsinstrumente (Kap. 6.4) betrachtet werden. Gegebenenfalls ist bei der Endauswahl auch eine Kontrolle der erzielten Ergebnisse einzubeziehen (Kap. 3.5).

Anwendung   Ein Zusammenspiel von Screening und räumlichen Betrachtungsebenen, bietet sich vor allem beim Top-down-Verfahren zur Standortwahl an. Im Extremfall, wenn mit jedem Untersuchungsschritt auch die Phasen der beiden Ordnungsprinzipien gleichzeitig wechseln, dann erfolgt auf der Makroebene die Vorauswahl, auf der regionalen Ebene die Grobauswahl und auf der Mikroebene die Endauswahl. Eine solche „strikte" Abfolge ist jedoch nur dann sinnvoll, wenn man davon ausgeht, dass die Entwicklung einzelner Standorte stark von der Gesamtmarktentwicklung abhängt. Auch wenn ein solcher Zusammenhang unstrittig ist, birgt die Prozedur das Problem, dass unterhalb der Makroebene möglicherweise Standorte und Märkte mit völlig gegensätzlichen Rahmenbedingungen existieren. Das kombinierte Vorgehen kann dann zur Folge haben, dass in aussichtsreichen Mikrolagen kein Investment getätigt wird, weil das (möglicherweise relativ unwichtige) gesamtwirtschaftliche Umfeld schlecht ist. Daher ist es in den meisten Entscheidungssituationen besser, nicht die räumliche Betrachtungsebene, sondern das **Screening zum dominierenden Strukturierungsprinzip** zu erheben. Innerhalb der einzelnen Analysestufen werden dann sowohl Makro- als auch Mikrofaktoren betrachtet. Die Perspektive wird somit in erster Linie von forschungsökonomischen Gesichtspunkten bestimmt: Zunächst beschränkt man sich auf die unbedingt erforderlichen Standorteigenschaften, deren Daten leicht zu bekommen und schnell zu prüfen sind. In der Folge geht man stufenweise ins Detail, wodurch sich der Untersuchungsschwerpunkt automatisch auf die lokale Ebene verlagert.

Als Beispiel für eine solche pragmatische Vorgehensweise lässt sich die Standortwahl von BMW heranziehen. Wie bereits im Zusammenhang mit der Problemdefinition in Kap. 3.1.1 beschrieben, hat eine Pressemitteilung der BMW Group im Juli 2000 dazu geführt, dass sich über 250 interessierte Gemeinden aus 20 europäischen Staaten unaufgefordert um die Ansiedlung einer Produktionsstätte beworben haben (KAMPERMANN 2003). Diese Standorte stellten die Gesamtheit aller untersuchten Alternativen dar, die in einer mehrstufigen Analyse nach dem Screening-Prinzip begutachtet wurden (Abb. 5).

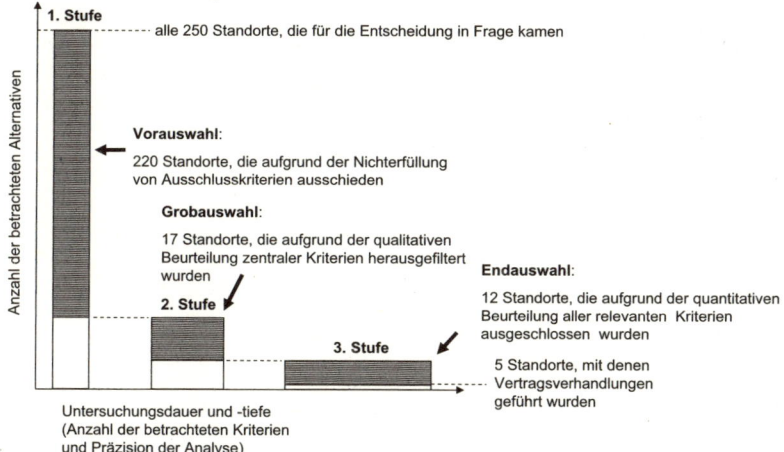

Abb. 5: Mehrstufige Standortwahl von BMW

Im ersten Verfahrensschritt hat das Unternehmen allen 250 Bewerberstandorten Fragebögen zugesendet, um die Erfüllung von elf „Basis"-Anforderungen zu überprüfen (Kap. 5.1.2). Nach der Vorauswahl blieben nur noch 30 mögliche Werksstandorte übrig. Ein Projektteam *(Standortfindungskommission)* hat diese in der zweiten Untersuchungsstufe besichtigt und einer qualitativen Grobselektion unterzogen. Grundlage war die vertiefte Untersuchung der Kriterien, auf die sich bereits die „Basis"-Anforderungen bezogen haben. Am Ende dieser Phase blieben 13 Standorte übrig. Eine weitere Stufe, als *Machbarkeitsstudie* bezeichnet, hat deren Eignung als Werksstandort hinsichtlich von 20, in einer dreistufigen Hierarchie angeordneten Zielen eingeschätzt. Parallel dazu wurden bereits erste

Verhandlungen über die Ansiedlungsmodalitäten geführt. Die Endauswahl hat sich schließlich auf fünf Standortalternativen in drei unterschiedlichen Ländern – es wurde keine strikte Trennung der Untersuchung in räumliche Betrachtungsebenen vorgenommen – beschränkt. In dieser, der eigentlichen Standortanalyse nachgelagerten, umsetzungsorientierten Phase hat man umfangreiche und detaillierte Vertragsverhandlungen mit den beteiligten Interessengruppen u.a. über mögliche Arbeitszeitmodelle aufgenommen. Am 18. Juli 2001, ein Jahr nach der öffentlichen „Problemformulierung", hat BMW schließlich die Entscheidung für Leipzig als neuen Werksstandort bekannt gegeben.

3.4   Standorte bewerten

Ausgangslage   Sobald die für eine Problemlösung als grundsätzlich geeignet erscheinenden Standorte bzw. standortbezogenen Maßnahmen definiert sind, stellt sich die Frage, wie deren Zielerreichung gemessen werden soll.

Aufgabe   Beim Bewerten verbindet sich die möglichst sachliche Abbildung der Wirklichkeit mit den persönlichen Präferenzen der Entscheidungsträger, indem empirische (Mess-)Werte der Merkmalsausprägungen in (Nutz-)Werte bezüglich ihrer Zielerreichungsgrade überführt werden. Dabei lassen sich drei allgemeine Teilschritte unterscheiden: Zuerst werden unter Anwendung geeigneter Skalierungsregeln die Erscheinungsformen ausgewählter Kriterien festgestellt und danach mithilfe von Normierungsregeln in Nutzenwerte (Scores) überführt. Wenn keine Messung möglich ist, müssen entweder Indikatoren oder Ratingskalen eingesetzt werden. Die Teilnutzenwerte können in einem dritten Schritt anhand von Aggregationsregeln zu einem Gesamtwert zusammengefasst werden, was aber eine zusätzliche Gewichtung erfordert (Kap. 4).

Ergebnis   Gestützt auf geeignete Bewertungsregeln kann anhand der (aggregierten) Zielerreichungsgrade interpretiert werden, welche Maßnahmen bzw. welche Standorte für ein weitergehendes Aufarbeiten bzw. für eine Handlungsempfehlung auszuwählen sind (Kap. 5 und 6). Die Ergebnisse müssen in einem erläuternden Bericht angegeben sein, beispielsweise in einem als *Begründung und Bewertung der vorgeschlagenen Lösung* bezeichneten Kapitel. Dabei empfiehlt sich die standardisierte numerische Darstellungsform der Entscheidungsmatrix. Der damit einhergehende Informationsverlust bleibt rekonstruierbar, wenn explizite Regeln genutzt und ebenfalls dokumentiert werden. Die eingesetzten Regeln müssen daher, gegebenenfalls in einem eigenen Abschnitt, z. B. unter der Überschrift *Methodik,* erklärt werden. Zumindest für die in der Endauswahl untersuchten Alternativen sollte man außerdem durch eine Ergebnismatrix auch über die zugrunde liegenden Messwerte Auskunft geben.

3.4.1   Standortfaktoren messen

Messen   Die erste Aufgabe bei der Standortbewertung besteht darin, die Standorteigenschaften – d. h. die Ausprägung der Standortfaktoren – bei allen Alternativen auf einheitliche Weise zu ermitteln. Um ihre Beschaffenheit zahlenmäßig beschreiben zu können, müssen als Skalen bezeichnete Maßstäbe definiert werden. „Messen" beinhaltet folglich den Vorgang, bei dem ausgewählte Kriterien gemäß zweckmäßiger Zuordnungsnormen auf einer Skala eingestuft werden, weshalb man dies auch als „**Skalieren**" bezeichnet. Die dabei stattfindende Informationsgewinnung über den Zielerreichungsgrad der Alternativen ist für die Standortanalyse in zweifacher Hinsicht von zentraler Bedeutung: Erstens ist das Bereitstellen der zur Alternativenbewertung notwendigen Datengrundlagen in den meisten Fällen die aufwendigste und zeitintensivste Aufgabe der Untersuchung und zweitens hängt ihre Ergebnisqualität – und die einer darauf beruhenden Entscheidung ebenfalls – in hohem Maße von den verfügbaren Angaben über die Alternativen ab (MALCZEWSKI 1999). Die nachstehenden Abschnitte zeigen – in die aufeinanderfolgenden Stufen der Kriterienwahl und ihrer Skalierung unterteilt – die wesentlichen Aspekte, die bei einer Messung im Kontext der Standortanalyse zu beachten sind.

3.4.1.1 Standortfaktoren wählen

Wie bereits zu Beginn dieses Buches (in Kap. 2.2.3) dargestellt, hängt die Auswahl der meist als Standortfaktoren bezeichneten Messkriterien, hinsichtlich derer die Alternativen begutachtet werden sollen, von den jeweiligen Entscheidungszielen ab, sodass es hierfür – wie im gesamten bisherigen Untersuchungsverlauf – keine formalen Regeln geben kann. Zumindest Orientierung bieten aber die im Folgenden aufgeführten **Grundsätze** inhaltlicher und forschungsökonomischer Art (ADAM 1993; WEBER 1993).

Beim Bestimmen des Kriteriensatzes steht die **Problemadäquanz**, d. h. die inhaltliche Ausrichtung an der Problemstellung, im Vordergrund. Einerseits sollte eine Standortanalyse alle für den Entscheidungsprozess relevanten Gesichtspunkte berücksichtigen, um die Voraussetzung für eine vollständige Problemlösung zu gewährleisten. Andererseits ist bei der Kriterienwahl neben der **Vollständigkeit** auch dem gegenläufigen Grundsatz der **Wesentlichkeit** Beachtung zu schenken. So kann eine ausschweifende Menge an Kriterien neben einem erhöhten Untersuchungsaufwand auch zu einer verringerten Ergebnisqualität führen, wenn darunter die Verständlichkeit der Befunde leidet. Die Operationalisierung der Ziele sollte sich dementsprechend auf diejenigen Merkmale konzentrieren, welche für eine wertmäßige Einschätzung der Alternativen unbedingt erforderlich sind. Folglich ist es aus Effizienzgründen zweckmäßig, den Kriteriensatz überschaubar zu halten, die Informationsmenge auf das erforderliche Mindestmaß zu begrenzen und somit auch die entstehenden Datenbeschaffungskosten möglichst gering zu halten. Dies wird sichergestellt, indem man für die untersten Elemente des Zielsystems nur jeweils ein einzelnes Messkriterium ableitet (HOMBURG/GIERING 1996). Die Anzahl der Standortfaktoren hängt somit von der Entscheidungssituation ab. Jedes gewählte Kriterium sollte außerdem geeignet sein, die Alternativen auf sinnvolle Weise zu unterscheiden. Neutrale Standorteigenschaften (**ausgewaschene Kriterien**), die bei allen Optionen in gleicher Weise auftreten, sind dagegen ohne Entscheidungsrelevanz und sollten deswegen möglichst noch vor einer Datenerhebung ausgeschlossen werden (FINAN/HURLEY 2002). Aus diesem Grund ist es sinnvoll,

Messkriterien

Kriterienwahl

die Messkriterien erst nach der Alternativenwahl zu bestimmen, wenn feststeht, welche Standorte zu untersuchen sind (BRAUCHLIN/HEENE 1995).

 Wenn alle als relevant erachteten Faktoren gesammelt sind, sollte der vorläufige Kriteriensatz weiter hinsichtlich seiner **Messbarkeit** überprüft werden (WEBER et al. 1995). Grundsätzlich ist dabei zu beachten, dass bei allen Alternativen eine hinreichende Erfassung der Kriterienausprägungen machbar ist, d. h. die möglichst genaue und verlässliche Abbildung des Zustands von Standortfaktoren auf Skalen. Ausgehend von den Kriterien lassen sich die konkrete Datenerhebungsform, Datenquellen und die geeigneten Erhebungsinstrumente auswählen. Das Vorgehen bei der damit verbundenen Informationsbeschaffung – also Art und Umfang der Datenerhebung – bestimmt maßgeblich die mit der Standortanalyse verbundenen Kosten. In der Praxis kann häufig der Fall eintreten, dass die Ziele von Standortentscheidungen empirisch nur schwer zu erfassen sind (Kap. 2.2.3). Wenn die Realisierbarkeit der Datenerhebung bei einem bestimmten *Kriterium* generell problematisch erscheint, sollte man dieses in weitere Subkriterien zerlegen, bis messbare Aspekte vorliegen (YOON/HWANG 1995). Falls dagegen bei einzelnen *Alternativen* Probleme wegen mangelnder Datenverfügbarkeit oder hoher Kosten auftreten, kann dies dazu führen, dass diese notgedrungen von der Untersuchung ausgeschlossen werden müssen. Will man dies vermei

Indirektes Messen den, bietet sich der Einsatz von Indikatoren oder Ratings an. Man spricht von „direkter" Messung, wenn man die interessierenden Standortmerkmale unmittelbar erfasst. Es handelt sich dabei um natürliche Eigenschaften oder manifeste Variablen wie Länge, Gewicht, Temperatur. Bei vielen Standortfaktoren ist dies aber nicht möglich oder ineffizient, sodass man häufig auf ein indirektes Messen ihrer Zielerreichung anhand von **Indikatoren** angewiesen ist. Man sucht dabei stellvertretende Merkmale, die als aussagekräftiges Anzeichen oder als Hinweis auf die Ausprägung eines Standortfaktors dienen.

Rating Falls bei der Alternativenbewertung keine empirischen Eingangsdaten verfügbar sind, müssen ersatzweise subjektive Urteile den Zielerreichungsgrad der Alternativen auf Schätz- oder Ratingskalen abbilden. Der Ausdruck Rating bezeichnet also den Vorgang, bei dem Standorteigenschaften im Rahmen von Interviews oder Befragungen direkt bewertet werden, ohne dass eine empirische Messung der jeweiligen Ausprägung erfolgt. Hierfür werden Entscheidungsträger oder ausgewählte fachliche Experten gebeten, diejenige Skalenstufe zu wählen, welche die Zielerreichung einer Alternative ihrer Meinung nach am besten wiedergibt. Stärker präferierte Alternativen(-eigenschaften) erzielen höhere Skalenwerte und weniger bevorzugte erhalten entsprechend niedrigere Einschätzungen. In der Literatur herrscht kein Konsens über die „richtige" Ratingskala. Aus anwendungsorientierter Sicht ist es allerdings zugunsten der Eindeutigkeit und Verständlichkeit grundsätzlich sinnvoll, verbale Stufenbeschreibungen durch Zahlencodes zu untermauern. Weit verbreitet ist auch das Verwenden von symmetrischen Skalen, bei denen die Anzahl der positiven Maßeinheiten denjenigen der negativen Ausprägungen entspricht (z B. *sehr schlecht* und *sehr gut* sowie *eher schlecht* und *eher gut*). Diese werden meist durch eine mittlere Kategorie als neutrale Stufe ergänzt, womit sich üblicherweise fünf-, sieben- oder neunstufige Skalen ergeben. Der Gebrauch von Ratingskalen sollte jedoch aufgrund der inhärenten Subjektivität vor allem bei wichtigen Entscheidungen nur dann herangezogen werden, wenn weder direktes noch indirektes Messen des Standortnutzens möglich erscheint. Ihr Einsatz setzt außerdem voraus, dass die Befragten zu aussagekräftigen Einschätzungen in der Lage sind, weil sonst die Wahrscheinlichkeit für Verzerrungen zu hoch ist (KEENEY/RAIFFA 1976). In Situationen, in denen die Verwendung von Ratingskalen erforderlich ist, sollte daher besondere Sorgfalt bei der Kontrolle der Entscheidungsergebnisse (Kap. 3.5.1) an den Tag gelegt werden (FISCHER et al. 1987). Allgemeine Grundsätze beim Gebrauch von Ratingskalen zur Standortbewertung beschreibt der folgende Abschnitt (Kap. 3.4.1.2), anwendungsorientierte Empfehlungen im Rahmen der einzelnen Gewichtungs- und Bewertungsregeln finden sich in den entsprechenden Abschnitten der Kap. 4 bis 6.

Der Grundsatz der **Überschneidungsfreiheit** spielt eine Rolle, wenn die Messdaten der Standortfaktoren zu einem Gesamtwert über den Zielerreichungsgrad einer Alternative zusammengeführt werden sollen (Kap. 3.4.3). Kriterien gelten als überschneidungsfrei, wenn sie weder Redundanz noch Abhängigkeit aufweisen. Redundanzfreiheit bedeutet, dass es innerhalb eines Zielsystems nicht mehrere Kriterien geben sollte, die sich in ihrer inhaltlichen Bedeutung überlagern. Zum einen sind solche Duplikate überflüssig und können entfernt werden, um den Analyseaufwand zu reduzieren. Zum anderen werden dadurch Doppelzählungen vermieden, durch welche den betroffenen Zieldimensionen bei der Alternativenbewertung implizit mehr Bedeutung zukommt, als ihnen eigentlich beizumessen ist. Unabhängigkeit liegt dann vor, wenn eine Merkmalsbewertung von den Ausprägungen anderer Merkmale unbeeinflusst ist. Andernfalls sollten die betroffenen Attribute so umdefiniert werden, dass eine getrennte Einschätzung vorgenommen werden kann. Wenn dies nicht möglich ist, sollten die abhängigen Kriterien zu einem einzelnen Gesichtspunkt zusammengefasst werden, welcher die gemeinsame Zieldimension inhaltlich abdeckt. Die formale Forderung nach Überschneidungsfreiheit ist in der Praxis allerdings in vielen Fällen aus inhaltlichen Gründen nur bedingt zu erfüllen. So entspricht es möglicherweise dem Grundsatz der Vollständigkeit, dasselbe Standortmerkmal aus mehreren Blickwinkeln zu betrachten. Bei der Wohnortwahl kann beispielsweise eine benachbarte Autobahn sowohl hinsichtlich der Verkehrsanbindung *(positiv)* als auch bezüglich der Einschätzung der natürlichen Umwelt *(negativ)* relevant sein. Um in solchen Fällen dennoch eine verzerrungsfreie Aggregation durchführen zu können, können die betroffenen Kriterien niedriger gewichtet werden als überschneidungsfreie Aspekte (GRÜNIG/KÜHN 2006).

3.4.1.2 Standorteigenschaften erfassen

Die Erscheinungsformen von Standortfaktoren lassen sich durch qualitative oder quantitative Daten auf unterschiedliche Weise wiedergeben: in numerischer Form, als verbale Beschreibung, als Nummerierungspunkte (Anzahl von Punkten, Sternen, Häkchen etc.) oder auch durch Farbcodierung. Dabei kann jedes Kriterium eine andere Maßeinheit aufweisen, die Festlegung der Skalen muss also nicht für alle Standortfaktoren, sondern lediglich intrakrite-

Maßskalen

riell einheitlich sein. Demzufolge besteht die nächste Aufgabe einer Standortanalyse darin, für jedes Kriterium eine passende Skalierung festzulegen. Dies beinhaltet Überlegungen bezüglich der Genauigkeit sowie einer angemessenen Bandbreite und Abstufung der Messung (WEBER et al. 1995). Ausnahmen sind bereits bestehende, historisch entwickelte und allgemein anerkannte Maße für natürliche Attribute wie beispielsweise Gewicht, Zeit, Entfernung, Temperatur und das ökonomische Maß Geld.

Messniveau   Die spätere Nutzung von Bewertungsregeln ist von der Messgenauigkeit der Analysedaten abhängig. In Anlehnung an das Schema von STEVENS (1946) werden in der Literatur üblicherweise die im Folgenden beschriebenen Stufen von Maßskalen unterschieden.

Nominalskalen klassifizieren entweder dichotome Variablen wie z. B. Geschlecht, die nur zwei verschiedene Werte annehmen können, oder qualitative Merkmale, über deren Ausprägungen gar keine Zahlenangaben möglich sind. Nominal skalierte Standorteigenschaften lassen lediglich Häufigkeitszählungen zu, um etwa die Erfüllung von Anforderungen (d. h. *ja* oder *nein*) zu prüfen.

Ordinalskalen – dazu gehören Ratingskalen – differenzieren die Ausprägungen entweder von diskreten Variablen, die nur wenige verschiedene Werte annehmen können (wie z. B. Würfelaugen), oder von qualitativen Daten, die sich nur ungenau erfassen lassen. Aus Gründen der Verständlichkeit ist es bei der ordinalen Messung sinnvoll, sich an allgemein bekannten Bewertungsstandards (z. B. Schulnoten; *hoch – mittel – gering* oder *schlecht – mittel – gut*) anzulehnen. Dabei erhalten Merkmalsausprägungen, denen höhere Präferenzen zugewiesen werden als anderen, auch höhere Skalenwerte. Ordinalskalen reichen für das Erstellen von Rangordnungen (Ranking) aus. Sie lassen aber keine Aussagen über das Ausmaß der Ergebnisabweichungen zwischen Alternativen zu, was in formaler Hinsicht bedeutet, dass weder Addieren noch Multiplizieren möglich ist, womit sich wiederum ein rechnerisches Zusammenführen mehrerer Kriterienwerte verbietet.

Kardinalskalen geben den Ausprägungsgrad für kontinuierliche bzw. stetige Variablen wieder und können jeden beliebigen Wert annehmen. Dabei kann man drei Unterarten unterscheiden: Intervallskalen (wie Temperatur-, Uhrzeit- oder Datumsangaben) besitzen konstante Maßeinheiten und ermöglichen die arithmetischen Operationen des Subtrahierens und Addierens. Rationalskalen (Gewicht, Zeitdauer etc.) besitzen zusätzlich einen Nullpunkt, sodass auch Verhältnisaussagen (*um wie viel mehr/weniger*) zulässig sind, was das Dividieren und Multiplizieren von Kriterienwerten erlaubt. Absolutskalen gestatten ebenfalls alle mathematischen Operationen und sind darüber hinaus in derselben Maßeinheit angegeben, was übergreifende Vergleiche zwischen den Werten unterschiedlicher Standorteigenschaften als auch deren Zusammenfassung zu einem übergeordneten Gesamtwert zulässt. Das Überführen der auf verschiedenen Merkmalsskalen erfassten Messdaten in eine Absolutskala wird in Kap. 3.4.2 besprochen.

Ratingskalen   Grundsätzlich ist bei der Datenerhebung ein höheres Skalenniveau zu bevorzugen, weil sich die Genauigkeit und gleichzeitig auch die Aussagekraft der Ergebnisse erhöht. Mit zunehmendem Skalenniveau übersteigen aber die Anforderungen bezüglich der Messpräzision und der damit verbundene Aufwand oft die in der Praxis gegebenen Möglichkeiten. Die genaue Distanz zwischen zwei Ausprägungen, welche eine Kardinalskala verlangt, kann bei räumlichen Kriterien nur selten angegeben werden. Stattdessen kommen in der Praxis der Standortplanung **meistens fünf- bis siebenstufige (Rating-)Skalen** zum Einsatz. In formaler Hinsicht lässt sich somit bemängeln, dass beim Gewichten und Bewerten multiplikative Rechenregeln verwendet werden, die eigentlich mindestens eine Intervallskala voraussetzen, auch wenn streng genommen nur ein ordinales oder gar nominales Messniveau vorliegt. Dieses Vorgehen ist aber in inhaltlicher Sicht zu rechtfertigen, sofern **nur eine ordinale Interpretation der Alternativenwerte** erfolgt. Bei Standortanalysen reicht dies meistens aus, weil ihr Zweck – eine Handlungsempfehlung zur Problemlösung – keine absolute Standortbewertung, sondern lediglich eine Rangordnung erfordert: Die Untersuchung soll aussagen, welche Entscheidungsmöglichkeit am besten ist und nicht, wie weit die einzelnen Optionen auseinanderliegen.

Wirklichkeitsgetreues Messen erfordert eine Maßskala, welche die größte und die kleinste Ausprägung eines Kriteriums umfasst, die bei den untersuchten Alternativen auftreten. Das Festlegen dieser Bandbreite – also des Abstands zwischen den extremen Merkmalsausprägungen – kann auf zwei Wegen erfolgen, die man entweder als lokale oder als globale Skalierung bezeichnet. **Bandbreite**

Die erste Möglichkeit besteht darin, die Spannweite der Skalen erst nach der Datenerhebung in Abstimmung mit den vorliegenden empirischen Messwerten festzulegen. Der obere (untere) Extrempunkt entspricht dann dem höchsten (niedrigsten) Wert, den eine Alternative bei einem Kriterium erreicht hat. Dadurch wird sichergestellt, dass die volle Bandbreite der Skala zum Unterscheiden der Alternativen genutzt wird. Dies ist vor allem dann sinnvoll, wenn Extremwerte zwischen den einzelnen Kriterien stark voneinander abweichen und die Messwerte bei einem Kriterium nahe beieinander liegen, sodass die Unterschiede der Standorteigenschaften bei einer einheitlichen Bandbreite kaum sichtbar wären. Auf der anderen Seite besteht bei der lokalen Skalierung durch die Bandbreitenvariation die Gefahr einer Ergebnisverzerrung einer „versteckten" Kriteriengewichtung: Weil eine erweiterte Bandbreite auch die Ergebnisunterschiede zwischen den Alternativen steigert, kommt einem solchen Kriterium automatisch eine erhöhte Bedeutung bei der Standortbewertung zu, wie das Rechenbeispiel im folgenden Kap. 3.4.2 verdeutlicht. Dieser Effekt ungleicher Bandbreiten sollte daher im Rahmen der Standortanalyse entweder bei der Alternativenbewertung Berücksichtigung finden (Kap. 3.4.2) oder bewusst als Grundlage zum Herleiten von Kriteriengewichten dienen (Kap. 4.4). **Lokale Skalierung** **Bandbreiteneffekt**

Die zweite Möglichkeit zum Festlegen der Skalenbandbreite besteht darin, a priori allgemeine Extremwerte für ein Messkriterium zu bestimmen, deren Überschreiten weder für möglich noch für wichtig gehalten wird. Ein Vorteil dieser globalen Skalierung liegt darin, dass neue Standorte zu einem späteren Zeitpunkt einfacher – d. h. ohne eine Veränderung der Skalen – untersucht werden können, auch wenn diese Werte aufweisen, die außerhalb der Bandbreite des ursprünglichen Alternativensatzes liegen. Mit zunehmender Kriterienzahl tritt allerdings ein Nivellierungseffekt auf: Wenn man viele Standortfaktoren begutachtet, kommt es nur selten vor, dass eine Alternative in allen Teilbereichen überlegen ist, weil üblicherweise jeder Stand- **Globale Skalierung** ort und jede Maßnahme sowohl Stärken als auch Schwächen aufweisen. Somit wird es mit zunehmender Kriterienzahl immer wahrscheinlicher, dass die zusammengefassten Endergebnisse aller Standorte im mittleren Skalenbereich liegen und ähnliche Zielerreichungsgrade zwischen 40 und 60 Prozent erreichen.

Anwendung   In den meisten Fällen ist daher ein kombiniertes Vorgehen sinnvoll: Die Standortfaktoren werden zunächst auf globalen Skalen erfasst; liegen ihre Messergebnisse nahe beieinander, werden sie auf eine normierte Skala – d. h. auf einen Bereich zwischen 0 und 1 – verteilt, was ihre Interpretation erleichtert (Kap. 3.4.2). Eine entsprechende **Umskalierung** ergibt sich durch folgende Regel: $x_i = \dfrac{a_i - a_u}{a_o - a_u}$, wobei a_i die gemessene Ausprägung und x_i die normierte Ausprägung von Merkmal i bezeichnet; a_o und a_u stehen für den oberen bzw. unteren Extremwert der ursprünglichen Skala.

Skalenstufen, Anzahl

Als letzter Schritt der Skalierung sind Vorgaben hinsichtlich Anzahl und Abstände der Skalenwerte innerhalb der Extrempunkte zu treffen. Eine Ausnahme stellen Verhältnis- und Absolutskalen dar, die statt Bereichswerten ein lückenloses Messen von Punktwerten gestatten. Die auf den einzelnen Merkmalsskalen positionierten Merkmalsausprägungen bilden die Grundlage für eine spätere Alternativenbewertung. Je mehr Rangstufen eine Skala enthält, desto genauer können Merkmalsausprägungen unterschieden werden. Zwei Skalenstufen ermöglichen lediglich ein nominales Trennen (*trifft zu* oder *trifft nicht zu*). Allerdings müssen die entsprechenden Standortdaten hinreichend präzise vorliegen und beim Erheben genau erfasst werden können. Dabei ist zu beachten, dass eine präzise Erfassung keineswegs auch genau sein muss: Die Präzision stellt die Differenziertheit der Datenerfassung dar, während die Messgenauigkeit beschreibt, inwieweit Schätzungen, Berechnungen oder Ergebnisse den tatsächlichen Werten entsprechen. Zum formalen Einschätzen der Messgenauigkeit können allgemeine statistische Gütemaße und Richtwerte herangezogen werden (LIFKA 2009). Bei räumlichen Entscheidungsproblemen fällt es aber meistens schwer, präzise Werte zu ermitteln, weil die Kriterienausprägungen innerhalb der Untersuchungsräume variieren. Daher muss man akzeptieren, dass Standortdaten hinsichtlich ihrer Genauigkeit und Präzision lediglich eine Näherung an die tatsächlichen Gegebenheiten darstellen. So müssen letztendlich für jedes Kriterium so viele Klassen gebildet werden, wie möglich, aber auch vertretbar und interpretierbar sind.

Skalenstufen, Abstand

Aus Gründen der Datenauswertung ist es sinnvoll, dass die **Skalen linear gestuft** werden. Sind alle Abstände zwischen den Skalenstufen gleich, wird ein hohes (Intervall-)Skalenniveau gewährleistet: Minimum und Maximum erhalten Werte von null und eins, und die Verbindungsgerade wird entsprechend der gewünschten Anzahl der Skalenstufen gleichmäßig unterteilt. Lediglich bei sogenannten nicht monotonen Kriterien ist es unter Umständen notwendig, eine ungleich verteilte, **nicht lineare Skalenstufung** zu verwenden (Kap. 3.4.2). So ist es bei Standortfaktoren häufig der Fall, dass Erhöhungen über ein absolut notwendiges Niveau zunächst zu einer deutlich verbesserten Einschätzung führen. Nach dem Erreichen eines als ausreichend angesehenen Umfangs wird jedoch weiteren Erhöhungen ein deutlich geringer wachsender oder sogar abnehmender Nutzen beigemessen. Folglich müssen Grenzwerte festgelegt werden, ab denen ein Anstieg als weniger relevant einzuschätzen ist; wichtige Skalenbereiche werden dann feiner unterteilt.

Nachdem die Kriterienausprägungen aller Alternativen erfasst sind, gilt es, die gewonnenen Messergebnisse in geeigneter Weise zusammenzufassen und aufzubereiten. Als standardisiertes tabellarisches Format hat sich hierbei die Ergebnismatrix (auch Leistungsmatrix) etabliert, bei der die Spalten die untersuchten Merkmale und die Zeilen die konkurrierenden Alternativen repräsentieren, sodass jeder Zelleintrag den Messwert einer Alternative bezüglich eines Kriteriums beschreibt (STRUNZ 1989). Das folgende Beispiel (Tab. 2) zeigt die Ergebnismatrix einer Standortanalyse mit den Messwerten von drei Standorten (A, B und C) bezüglich der Standortfaktoren (x, y und z):

Ergebnismatrix

Tab. 2: Ergebnismatrix

	Kriterium x	Kriterium y	Kriterium z
Alternative A	x_A	y_A	z_A
Alternative B	x_B	y_B	z_B
Alternative C	x_C	y_C	z_C

Weil die Ausprägungen der Standortfaktoren auf unterschiedliche Weise erfasst sind und auch in unterschiedlichen Einheiten (z. B. Länge, Größe, Preise, Anzahl) vorliegen können, lassen sich die Zelleinträge der Ergebnismatrix nur innerhalb der gleichen Spalte vergleichen. Aus der Darstellung kann also spaltenweise abgelesen werden, ob ein Standort schlechtere oder bessere Werte aufweist als andere Alternativen: x_A ist nur vergleichbar mit x_B oder x_C, aber nicht mit y_A oder z_A.

Wie der Zielbaum – d. h. die Nutzung des hierarchischen Prinzips – zur Modellierung des Zielsystems dient (vgl. Kap. 3.2.3), so fungiert auch die Matrix in erster Linie als Strukturierungs- und Veranschaulichungsmethode. Sie stellt ein wichtiges Element einer objektivierten Entscheidungsfindung dar, indem sie das Trennen von Sach- und Wertebene begünstigt: Das Offenlegen der empirischen Eingangsdaten erhöht die Transparenz im Entscheidungsprozess deutlich, weil die späteren Analyseschritte wie das Umwandeln in Nutzenwerte oder das Zusammenfassen von Alternativengesamtwerten mit einem Informationsverlust einhergehen. Der standardisierte Aufbau erleichtert außerdem das Auswerten der Messwerte im Rahmen formaler Gewichtungs- und Bewertungsregeln.

Anwendung Bei manchen Standortanalysen kann eine Ergebnismatrix bereits das Endergebnis darstellen: Handelt es sich um einfache Problemstellungen mit wenigen Zielen und Alternativen, reichen intrakriterielle Vergleiche oft auch für **ein formloses Ableiten von Handlungsempfehlungen** aus. Den Entscheidungsträgern kommt dabei die Aufgabe zu, sich selbst eingehend mit der Matrix zu befassen und die vorliegenden Informationen zu interpretieren, um zu einer individuellen Gesamteinschätzung der Alternativen zu gelangen. Dies ist besonders dann sinnvoll, wenn sich die Standortanalysen, man spricht dann auch von räumlichen Strukuranalysen

(Kap. 2.1), nicht an bestimmte Entscheidungsträger richten, sondern an Hunderte oder Tausende von Personen, welche die Einträge in der Matrix anhand ihrer persönlichen Präferenzen einschätzen. In solchen Fällen muss die Tabellengröße überschaubar bleiben, sodass den Entscheidungsträgern ein allgemeiner Überblick über die Ergebnisse möglich ist. Das mehrkriterielle Entscheidungsproblem wird somit in mehrere einkriterielle Einzelprobleme zerlegt: Man sieht, wie die Standorte bei den einzelnen Faktoren abschneiden. Die Fragen nach ihrer Relevanz und wie die Ergebnisunterschiede zu bewerten sind, bleiben offen. Bei den Entscheidungsproblemen der betrieblichen Standortplanung lässt sich durch ein direktes Auswerten der Ergebnismatrix ohne Bewertungsregel daher meist kein eindeutiges Ergebnis erzielen. Hier steht – neben der Funktion als Dokumentationshilfe – die Nutzung der Ergebnismatrix als Grundlage für den Gebrauch formaler Regeln zum Ausschließen unterlegener Alternativen im Vordergrund (Kap. 6.1).

3.4.2 Standorteigenschaften bewerten

Teilnutzen   Der Zielerreichungsgrad (Score) einer Alternative, welcher ihre Vorteilhaftigkeit repräsentiert, ist dimensionslos und kann nicht in natürlichen Maßeinheiten angegeben werden. Die gemessenen Ausprägungen der Standortfaktoren sagen daher noch nichts über deren Nutzen aus. Vielmehr müssen, wenn unterschiedlich skalierte Merkmale zu einer Größe für den Gesamtnutzen (U) zusammengeführt werden sollen, die Messwerte (x) der individuellen Kriterienskalen abhängig vom jeweiligen Sachverhalt und von den Präferenzen der Entscheidungsträger in abstrakte (Teil-)Nutzenwerte (u) überführt werden. Das Umwandeln der aus den Datenquellen gewonnenen Sach- in Wertinformationen erfordert also erstens das Vereinheitlichen des Wertebereichs und zweitens das Zuordnen von Nutzenwerten für die Zielerreichung.

Normieren   Ersteres wird als Normieren (oder auch Normalisieren) bezeichnet (KRALL-MANN 1989). Nutzenwerte und Merkmalsgewichte sind immer in normierten Werten, d. h. auf einer Absolutskala, anzugeben, um interkriterielle Vergleiche und entsprechende Rechenoperationen zu ermöglichen. Sie liegen immer zwischen 0 und 1 und lassen sich – unter Berücksichtigung der im vorangegangenen Abschnitt (Kap. 3.4.1.2) besprochenen Einschränkungen bezüglich der Messgenauigkeit – als Prozentwerte interpretieren: Ein absoluter Wert von 0,77 entspricht beispielsweise einem Zielerreichungsgrad von 77 %, ein Score von 0,81 liegt vier Prozentpunkte darüber. Normierte

Bandbreiten-orientiertes Normieren   Messwerte erhält man rechnerisch, indem man den jeweiligen Abstand zum niedrigsten Wert durch die Skalenbandbreite des jeweiligen Standortfaktors dividiert. Wenn die Bandbreiten der einzelnen Standortfaktoren stark voneinander abweichen, sollte dies beim Normieren durch folgende Regel berücksichtigt werden (WEBER 1993): $x_i = a_u + \dfrac{a_o - a_u}{x_o - x_u} \cdot (a_i - x_u)$, wobei a_i die gemessene Ausprägung und x_i die normierte Ausprägung von Merkmal i bezeichnet; a_o, a_u die oberen bzw. unteren Extremwerte der ursprünglichen Skala und x_o, x_u den oberen bzw. unteren Extremwert der neuen Skala, d. h. normiert 0 und 1, bezeichnet. Normierte Merkmalsgewichte ergeben sich aus dem Verhältnis der einzelnen Werte und der Summe aller Werte (Kap. 4).

Beim bandbreitenorientierten Normieren erhalten Standortfaktoren, deren Messwerte nur geringe Unterschiede zwischen den Standorten aufweisen, entsprechend niedrigere normierte Messwerte, wie folgendes Beispiel (Tab. 3) mit drei
global skalierten Merkmalen verdeutlicht:

Tab. 3: Bandbreitenorientiertes Normieren

	Kriterium x	Kriterium y	Kriterium z
Alternative A	3	1	5
Alternative B	**5 → 18**	**5 → 46**	**5 → 10**
Alternative C	6	10	6

Obwohl Standort B bei allen drei Kriterien den gleichen Messwert
($a_x = a_y = a_z = 5$) erreicht, ergeben sich daraus nach obiger Formel stark abweichende normierte Werte (x): bei Kriterium x ein Wert von $x_x = 18$, bei Kriterium
$x_y = 46$ und bei z lediglich $x_z = 10$. Eine andere Möglichkeit, unterschiedliche
Bandbreiten in die Standortbewertung einfließen zu lassen, ergibt sich bei der
Gewichtung der Standortfaktoren (Kap. 4.4).

Scoring

Während sich also der Ausdruck Normieren auf den wertfreien Rechenvor-
gang zum Vereinheitlichen des Wertebereichs von Skalen bezieht, wird
das inhaltliche Umwandeln, welches den an einer Maßskala ermittelten
Kriterienausprägungen (x) subjektive Nutzenwerte (u) zuordnet, als Scoring
bezeichnet (HANISCH 1998). Der Weg von den Merkmalsausprägungen zu
einem Score als zahlenmäßigem Ausdruck für die Zielerreichung einer Alternative wird durch **Nutzenfunktionen** geregelt. Eine Nutzenfunktion beschreibt die Präferenzrelation, d. h., die Beziehung zwischen dem subjektiven Wert, den eine Person einzelnen Standorteigenschaften beimisst, und
den objektiven Ausprägungen dieser Merkmale. Für jedes Kriterium ist daher eine eigene Nutzenfunktion zu erstellen, welche allen Messwerten
einen Nutzen auf einer neuen, gemeinsamen Wertskala zuordnet. Beim
Ableiten der Präferenzen für Standorteigenschaften lassen sich drei Verfahren unterscheiden.

Lineare
Nutzenfunktion

Für stetige Merkmalsausprägungen existieren verschiedene Möglichkeiten zur formalen Ermittlung der Scores. Voraussetzung ist, dass mit dem Anstieg der Messgröße auch der Nutzen entweder zu- oder abnimmt. Im ersten
Fall spricht man von **Gunst- oder Nutzenkriterien**. Sie weisen einen monoton steigenden Nutzen auf: Je größer der Messwert, desto höher ist der Nutzen. Im zweiten Fall spricht man von **Kostenkriterien**. Sie sind durch einen
monoton fallenden Nutzen gekennzeichnet, was einen negativen Bezug
zwischen Messwert und Nutzen bedeutet. Bei Nutzenmerkmalen ergibt
sich der normierte Zielerreichungskoeffizient x_i einer Alternative j beim
Merkmal i durch die Division der ursprünglichen Merkmalsbewertung a_{ij}
mit dem Maximalwert der Skala a_o (ZIMMERMANN/GUTSCHE 1991): $x_{ij} = a_{ij}/a_o$.
Handelt es sich um ein Kostenmerkmal, so dividiert man den Minimalwert
eines Merkmals a_u durch die jeweilige Beurteilung a_{ij}: $x_{ij} = a_u/a_{ij}$. Solche Kriterien lassen sich wahlweise auch durch Invertieren rechnerisch in Nutzenmerkmale umwandeln.

Nichtlineare
Nutzenfunktion

Bei vielen Standortfaktoren können aber auch **nicht monotone Zusammenhänge** zwischen Merkmalsausprägung und Nutzen auftreten. Nicht monotone Merkmale stellen – oft als Ergebnis ungenügender Zieldefinition – jene Messkriterien dar, deren größter Nutzen zwischen den Extremwerten der Skala liegt: Ihr Nutzen steigt bis zum Erreichen eines Optimums und fällt dann ab (oder umgekehrt). Ist der genaue Zusammenhang zwischen Messwerten und Zielerreichung bekannt, lassen sich nicht montone Merkmale in ein Gunst- und ein Kostenkriterium unterteilen, welches jeweils eine monoton steigende oder fallende Nutzenfunktion besitzen. Weitere Beispiele für die Gestaltung nicht linearer Nutzenzusammenhänge werden im Rahmen der Bewertungsregel PROMETHEE vorgeschlagen (Kap. 6.4.3.2).

Ordinale
Nutzenfunktion

In den meisten Fällen muss die Nutzenfunktion von Standortfaktoren individuell bestimmt werden. Die Vorgehensweise beim Festlegen solcher **ordinaler Nutzenfunktionen** entspricht also derjenigen einer Ratingskala (Kap. 3.4.1.1): Dabei werden außer den Extrempunkten (0 und 1) stets nur noch einige Stützstellen der Nutzenfunktion direkt bestimmt, welche die erfassten Merkmalsausprägungen in einzelne Wertebereiche einteilen, die für einen besimmten Score stehen. Unterschiedliche Abstände zwischen den Skalenstufen können die Umwandlung entsprechend der Nutzenvorstellungen der Entscheidungsträger beeinflussen. So kann beispielweise der bewusste Einsatz von Zwischenwerten sicherstellen, dass eine präzise Messung keine ungerechtfertigt große Trennung zwischen den Alternativen erzeugt. Dies ist auch dann hilfreich, wenn die Unterschiede der Messwerte zwischen den Alternativen gering ausfallen. Die gewählten Scoring-Regeln sollten in einem erläuternden Bericht angegeben sein. Bei einer nicht linearen Zuordnung von Scores auf die Ausprägungen der einzelnen Zielkriterien bietet sich die Darstellungsform der **Scoring- oder Nutzentabellen** an.

Das folgende Beispiel (Tab. 4) zeigt eine nicht lineare Nutzenbewertung. Daraus geht der normierte Zielerreichungsgrad für die Merkmalsausprägungen von vier Standortfaktoren hervor. In der Darstellung sind die ursprünglichen Messwerte der Standortalternativen A (fett gedruckt) und C (kursiv) hervorgehoben. Die Standortfaktoren wurden ursprünglich auf verschiedenen Skalen gemessen. Die Kostenkriterien *Steuern* und *Lohn* sind auf numerischen Kardinalskalen (*effektiver Steuersatz für Kapitalgesellschaften 2007 in Prozent* und *Arbeitskosten je Arbeitsstunde in der verarbeitenden Industrie 2004 in €*) erfasst. Die dabei erzielten Ergebnisse werden invertiert und durch eine ordinale Nutzenschätzung ersetzt.

Tab. 4: Scoring-Tabelle

	Messwerte			
Scores	Steuern (%)	Lohn (€)	Markt	Stabilität
10	unter 14	unter 5	*A*	*J*
9	**14 bis unter 16**	5 bis unter 7,5	–	–
8	16 bis unter 18	7,5 bis 10	–	–
7	18 bis unter 20	**10 bis unter 11**	B	–

6	20 bis unter 22	11 bis unter 12,5	–	–
5	22 bis unter 24	*12,5 bis unter 15*	–	–
4	24 bis unter 26	15 bis unter 17,5	–	–
3	26 bis unter 28	17,5 bis unter 20	**C**	–
2	28 bis unter 30	20 bis unter 22,5	–	–
1	30 bis unter 35	22,5 bis unter 25	–	–
0	*35 und mehr*	mindestens 25	D	**N**

Aus der Scoring-Tabelle geht beispielsweise hervor, dass beim Standortfaktor *Steuern* alle Ausprägungen im Bereich von *14 bis unter 16 %* der gleiche Nutzen – nämlich ein Zielerreichungsgrad von 90 % – beigemessen wird wie dem Ausprägungsintervall *5 bis unter 7,5 €* des Merkmals *Lohnniveau*. Das Kriterium *Marktwachstum* wurde dagegen durch Experteneinschätzungen in verbaler Form auf einer vierstufigen Ordinalskala gemessen. Die Scoring-Tabelle zeigt, dass die Ausprägungen *sehr gut* (A), *gut* (B), *durchschnittlich* (C) und *schlecht* (D) Nutzenwerte von 10, 7, 3 und 0 erhalten. Die Zwischenwerte können nicht vergeben werden, weil hierfür keine Messwerte existieren (Zelleintrag „–"). Weil die meisten Standortoptionen einen Messwert von B oder C erzielten, wurde hier mit drei statt zwei Zwischenkategorien stärker differenziert. Die Ausprägung der *politischen Stabilität* liegt dagegen nur als dichotome Unterscheidung zwischen *ja* (J) oder *nein* (N) vor, sodass auch der Nutzen entweder vollständig (10) oder gar nicht (0) zugeteilt wird.

Nachdem für alle Messwerte der Ergebnismatrix Teilnutzen ermittelt sind, können sie wieder in Tabellenform, in einer sogenannten Entscheidungsmatrix angegeben werden (Tab. 5):

Entscheidungsmatrix

Tab. 5: Aufbau einer Entscheidungsmatrix

	Kriterium x	**Kriterium y**	**Kriterium z**	
Gewichte	w_x	w_y	w_z	**Gesamtwerte**
Alternative A	u_{Ax}	u_{Ay}	u_{Az}	U_A
Alternative B	u_{Bx}	u_{By}	u_{Bz}	U_B
Alternative C	u_{Cx}	u_{Cy}	u_{Cz}	U_C

In der Entscheidungsmatrix sind alle Standortbewertungen (Zelleinträge) miteinander vergleichbar. In einer eigenen Spalte können auch die Gesamtwerte (U) der Alternativen angegeben werden. Auch die Gewichtung (w) kann in die Tabelle explizit einbezogen werden, indem sie entweder wie im Beispiel in einer eigenen Zeile angegeben sind oder die Zelleneinträge bereits gewichtete Teilnutzen darstellen. In späteren Analysephasen lässt sich die Matrix verändern, um neue Alternativen (Reihen) oder Kriterien (Spalten) hinzufügen oder andere (zeitweise) zu entfernen. Eine umgekehrte Darstellung (Alternativen in Spalten, Kriterien in Zeilen) befindet sich zum Vergleich in Kap. 6.4.2.2 (Tab. 49).

Folgende Entscheidungsmatrix (Tab. 6) zeigt beispielhaft die Teilnutzenwerte von drei Standorten und den vier Kriterien aus der obigen Scoring-Tabelle (Tab. 5).

Tab. 6: Direktes Interpretieren einer Entscheidungsmatrix

	Steuern	**Lohn**	**Markt**	**Stabilität**
Standort A	9	7	3	0
Standort B	1	2	3	10
Standort C	0	5	10	10

Das Beispiel verdeutlicht den Nutzen einer Entscheidungsmatrix, bei der alle Zelleinträge miteinander verglichen werden können. So lässt sich durch eine zeilenweise Beschau beispielsweise erkennen, dass Standort B beim *Marktwachstum* um 20% besser abschneidet als bei den *Steuern*. Alle Standorte sind durch enorme Stärken, aber auch Schwächen gekennzeichnet. Die größte Bandbreite weist Option C auf (Maximalwert von 10), aber auch die beiden anderen Standortalternativen sind mit interkriteriellen Ergebnisdifferenzen von jeweils 9 extrem ungleich bewertet. Aus der Darstellung wird außerdem klar, dass – abgesehen vom dichotomen, d. h. nominal gemessenen, Standortfaktor *Stabilität* – lediglich einmal (Standort C beim Kriterium *Marktwachstum*) der maximale Zielerreichungsgrad auftritt. Auf diese Weise ist sofort ersichtlich, dass keiner der drei Standorte den anderen beiden eindeutig über- oder unterlegen ist.

3.4.3 Teilnutzen zusammenfassen

Aggregation

Das Zusammenfassen mehrerer Elemente zu einer übergeordneten Gesamtgröße wird allgemein als Aggregation bezeichnet (KRALLMANN 1989). Im Rahmen einer Standortanalyse lassen sich mehrere Einsatzbereiche einer solchen Wertsynthese unterscheiden: erstens das Vereinigen der Teilnutzen einer Alternative (Nutzenaggregation), zweitens bei Gruppenentscheidungen das Sammeln der Werturteile der beteiligten Personen (Gruppenaggregation) und drittens das Kombinieren der Einzelergebnisse bei Mehrmethodenansätzen, wenn man, etwa bei der Gewichtung, mehrere Regeln für einen Arbeitsschritt einsetzt. Ein weiterer Anlass ergibt sich beim Zusammenführen möglicher Zukunftsbilder (Erwartungsaggregation) im Rahmen einer Szenarioanalyse (Kap. 3.5.2). Schließlich ist bei einer mehrstufigen Bewertung eine Aggregation der jeweiligen Untersuchungsergebnisse denkbar, welche eine Alternative in den einzelnen Analysephasen (Vorauswahl, Grobauswahl etc.) erreicht hat.

Nutzenaggregation

    Die Nutzenaggregation zu einem einzelnen Gesamtwert für einen Standort erfolgt den Vorgaben des Zielbaums (Kap. 3.2.3) entsprechend. Dabei werden die Teilnutzen von Messkriterien einer Hierarchiegruppe zu einem gemeinsamen Nutzenwert für die übergeordnete Gesamtgröße zusammengefasst. Jedes Kriterium hat immer nur eine Beziehung zum jeweils übergeordneten Element, auf die Erfassung zusätzlicher Interaktionen wird aus

Gesamtnutzen

Komplexitätsgründen verzichtet. Das weitere Zusammenführen aller Teilnutzenwerte bis zum Hauptziel an der Spitze der Hierarchie ergibt den Gesamtnutzen einer Alternative. So wird eine ganzheitliche Einschätzung der Vorteilhaftigkeit von Entscheidungsmöglichkeiten ermöglicht: Je größer der Gesamtnutzen, desto besser ist ihre Effektivität hinsichtlich der Problemlösung. Eine Alternative ist **absolut vorteilhaft**, wenn ihr Gesamtnutzen einen vorgegebenen Grenzwert erreicht, der für die Problemlösung erforderlich ist. Die aggregierten Werte lassen außerdem Vergleiche zu, welche der Alternative der Zielerfüllung insgesamt am nächsten kommt: Eine Entscheidungsoption ist **relativ vorteilhaft**, wenn sie den größten Gesamtnutzen aller zur Wahl stehenden Alternativen aufweist. Die relative Vorteilhaftigkeit **Präferenz** wird als **Präferenz** bezeichnet. Die Handlungsempfehlung fällt daher in der Regel für diejenige Alternative mit dem höchsten Gesamtnutzen. Weil sich in einem solchen Urteil die Stärken und Schwächen untergeordneter Teilnutzen ausgleichen können, wird dieser Vorgang auch als **kompensatorische Alternativenbewertung** bezeichnet.

Bei der Alternativenbewertung im Rahmen von Gruppenentscheidungen besteht ein zusätzliches Aggregationsproblem, wenn die Urteile der beteiligten Personen zusammengeführt werden sollen (Kap. 3.1.2). In solchen Fällen kann durch das Aggregieren ein Mehrheitsergebnis berechnet werden (vgl. das Berechnungsbeispiel in Kap. 6.4.2.1). Der gewünschte oder tatsächliche Einfluss einzelner Gruppenmitglieder, der sich aufgrund ihrer Fachkenntnisse, Macht, Erfahrung, Geldvermögen etc. begründet, lässt sich dabei durch Machtkoeffizienten wiedergeben, die wie Gewichtungsfaktoren behandelt werden (BARZILAI/LOOTSMA 1997; HONERT 2001). Die Gruppenaggregation kann in unterschiedlicher Reihenfolge erfolgen (ESCOBAR et al. 2004): Entweder werden gleich Gruppenwerte für die Teilnutzen der einzelnen Standortfaktoren berechnet (**A**ggregation of **I**ndividual **J**udgments, **AIJ**) oder es werden zunächst die zusammengefassten Standortergebnisse für jede Person getrennt kalkuliert und dann erst diese für die Gruppe zusammenfasst (**A**ggregation of **I**ndividual **P**riorities, **AIP**). Letzteres bietet sich an, wenn man die Unterschiede (Bandbreite, Streuungsmaße etc.) zwischen den Einschätzungen der einzelnen Personen als Grundlage zum Abschätzen der Stabilität der Analyseergebnisse, beispielsweise im Rahmen einer Sensitivitätsanalyse (Kap. 3.5.1) nutzen möchte (FORMAN/PENIWATI 1998). In diesem Sinne ist grundsätzlich auch der Einsatz mehrerer Gewichtungs- oder Bewertungsregeln empfehlenswert, um methodisch bedingte Ergebnisverzerrungen aufzudecken.

Aggregation ist ein Mittel, um die Komplexität von Entscheidungsproblemen zu reduzieren. Die Informationsmenge wird zu Einzelwerten verdichtet, auf deren Grundlage eine Vielzahl an Alternativen miteinander verglichen werden kann. Dieses Vereinfachen ist jedoch – abgesehen vom zusätzlichen Berechnungsaufwand – mit einem Informationsverlust verbunden. Das Festlegen der Aggregationstiefe als derjenigen Hierarchieebene, auf der die Alternativen untersucht und miteinander verglichen werden sollen, muss daher nach inhaltlichen und forschungsökonomischen Gesichtspunkten im Zusammenhang mit der jeweiligen Entscheidungssituation getroffen werden (Kap. 3.3.2). Es geht dabei um die Frage, ob ein Zusammenfassen überhaupt notwendig und sinnvoll ist und wenn ja, bis zu welcher Stufe. Bei zu geringer Aggregation bleiben mehr Details bestehen, als verar-

Marginalien: Präferenz · Gruppenaggregation · Mehrmethodenansatz · Aggregationstiefe

beitet werden können. Bei einer zu weit gehenden Aggregation werden dagegen Tatbestände zusammengefasst, die inhaltlich nichts miteinander zu tun haben, woraus dann Gesamtwerte hervorgehen, die sich nur schwer interpretieren lassen. Darauf aufbauende Standortvergleiche sind dann zwar leicht zu behandeln, haben aber, wenn überhaupt, nur geringe Aussagekraft.

Kompensation

Das Vorgehen bei der Nutzenaggregation hat außerdem erhebliche Implikationen bezüglich der Substituierbarkeit der einzelnen Elemente. Dabei geht es um die Frage, in wie weit sich Vorteile eines Merkmals gegen Nachteile eines anderen tauschen lassen, z. B. ob ein hohes Marktwachstum eine geringe politische Stabilität vollständig oder teilweise ausgleicht – oder gar nicht. Im Extremfall kann man ganz auf eine Aggregation verzichten – in erster Linie wegen inhaltlicher Bedenken, wenn man verhindern will, dass sich Stärken und Schwächen eines Standorts gegenseitig aufheben, aber auch aus formalen Gründen. So wurde bereits im Zusammenhang mit der Kriterienwahl (Kap. 3.4.1.1) ausgeführt, dass eine verzerrungsfreie Zusammenfassung der Teilnutzen voraussetzt, dass die Standortfaktoren überschneidungsfrei sind, was aber in der Praxis nur selten vollständig erfüllt ist (SCHNEEWEISS 1991).

Nicht kompensatorische Alternativenbewertung

Bei nicht kompensatorischen Entscheidungsregeln (Kap. 6.1) können diese Probleme nicht auftreten, weil sie die Alternativen bezüglich der Kriterien nur einzeln bewerten und keine rechnerische Aggregation erfolgt. Nicht kompensatorische Untersuchungen ermöglichen detaillierte Rückschlüsse über den Zielerreichungsgrad in den einzelnen Teilbereichen der Zielhierarchie. Für eine nicht kompensatorische Alternativenbewertung ist außerdem keine Gewichtung erforderlich, sodass keine Annahmen und Berechnungen über die relative Wichtigkeit der einzelnen Kriterien angestellt werden müssen. Allerdings ist bei räumlichen Entscheidungsproblemen, welche üblicherweise eine Vielzahl an Alternativen und relevanten Entscheidungskriterien beinhalten, normalerweise keine Alternative bezüglich aller Ziele überlegen. Der Beitrag nicht kompensatorischer Methoden zur Lösung räumlicher Entscheidungsprobleme ist dementsprechend hauptsächlich auf das Einengen des Entscheidungsfelds im Rahmen der Elimination oder Vorauswahl von Alternativen begrenzt. Nur wenn die Differenzen in der Bedeutung zwischen den Hierarchieelementen zu vernachlässigen sind, kann auch bei der Endauswahl eine nicht kompensatorische Vorgehensweise aufgrund des geringeren Analyseaufwands einem kompensatorischen Verfahren vorgezogen werden.

Aggregationsregeln

Bei Standortanalysen ist aufgrund der zu Beginn dieses Buches (Kap. 2.2) beschriebenen typischen Beschaffenheit räumlicher Entscheidungsprobleme und der daraus folgenden Komplexität besonders in den späteren Analysephasen der Grob- und insbesondere der Feinselektion (Kap. 3.3.2) eine Nutzenaggregation unumgänglich. Bezüglich der formalen Vorgehensweise gibt es jedoch keine allgemein akzeptierte, eindeutige Empfehlung. Im Rahmen formaler Bewertungsregeln wird bisweilen der Gebrauch spezieller Rechenwege vorgeschlagen. Wegen der Komplexität ist es bei Standortentscheidungen jedoch grundsätzlich sinnvoll, die Teilnutzen durch einfache Grundformen wie Summenbildung, Multiplizieren oder Bilden entsprechender Mittelwerte zusammenzuführen. Dabei ist allerdings zu beachten, dass die Entscheidung für eine additive oder eine multiplikative Vorgehensweise bei gleichen Eingangsdaten zu verschiedenen Ergebnissen führen kann.

In der Praxis wird beim Zusammenfassen der Teilnutzen meist von der **Summenbildung** Gebrauch gemacht. Der Nutzenwert einer Standortalternative ergibt sich dann aus der Addition der mit ihren Gewichtungsfaktoren multiplizierten Teilnutzenwerten. Der hohe Kompensationsgrad der additiven Aggregation hat jedoch im Extremfall zur Folge, dass gravierende Nachteile in zentralen Bereichen durch Vorteile in nebensächlichen Bereichen ausgeglichen und im Gesamtwert verdeckt werden. Dies ist mit einem Risiko behaftet, weil sich in der Praxis fehlende Zwangsvoraussetzungen oder vorhandene „Tabu"-Eigenschaften nicht aufheben lassen. Deshalb ist bei der additiven Aggregation grundsätzlich das Verwenden von Anforderungen (Kap. 3.2.4) und Gewichtungsfaktoren (Kap. 4) empfehlenswert.

Der Gebrauch einer **multiplikativen Aggregationsregel** ist vor allem dann sinnvoll, wenn eine Kompensation nur eingeschränkt zugelassen werden soll: durch das Multiplizieren werden die Ergebnisunterschiede vergrößert. Im Extremfall, wenn einer der Teilnutzen den Wert 0 aufweist, wird das Produkt, d. h. der Gesamtnutzen einer Alternative, ebenfalls 0 sein. Als Spezialform, um die zentrale Tendenz der Einzelscores für einen Standort anzugeben, bietet sich der geometrische Mittelwert an, also die n-te Wurzel aus dem Produkt der Teilnutzen von n Standortfaktoren, mit dem sich die Wirkungen extremer „Ausreißer-Werte" auf das Gesamtergebnis verringern lassen. Multiplikative Rechenoperationen sollten allerdings nur dann eingesetzt werden, wenn die Kriterienbewertungen auf mindestens intervallskaliertem Niveau beruhen (Kap. 3.4.1.2).

Kompensationsgrad

Als Beispiel für die möglichen Folgen unterschiedlicher Aggregationsregeln für die Alternativenbewertung sollen die Teilnutzen der obigen Entscheidungsmatrix (Tab. 6) in einem Mehrmethodenansatz auf verschiedene Weise zusammengeführt werden (Tab. 7).

Tab. 7: Aggregation der Zelleinträge einer Entscheidungsmatrix

	Standortfaktoren				Gesamtwerte		
	Steuer	Lohn	Markt	Stabilität	additiv		multi-plikativ
					Summe	Mittel-wert	
Standort A	9	7	3	0	19	4,75	0
Standort B	1	2	3	10	16	4	60
Standort C	0	5	10	10	25	6,25	0

Das Beispiel zeigt, wie sich bei der additiven Aggregation, sowohl bei der Summen- als auch bei der Mittelwertbildung, eine andere Handlungsempfehlung (Standort C) als beim Multiplizieren (Standort B) ergeben kann. Das Beispiel macht auch den Einfluss unterschiedlicher Bandbreiten klar: Der ungenau gemessene, dichotome Standortfaktor *Stabilität* wirkt außerordentlich stark auf das Gesamtergebnis. Beim multiplikativen Ansatz werden dadurch die Ergebnisunterschiede zwischen den Alternativen so stark ausgeweitet, dass der Eindruck entstehen kann, dass Standort B eindeutig überlegen wäre, obwohl tatsächlich bei den anderen Kriterien genau das Gegenteil der Fall ist. Die additiven Regeln sind dagegen aufgrund ihres höheren Kompensationsgrads nicht so stark vom Bandbreiteneffekt betroffen. Bei der Verwendung des geometrischen Mittelwerts würde sich der Einfluss der extremen Werte der *Stabilität* zwar erheblich reduzieren (Standort B erhielt einen Wert von 2,78), allerdings ist seine Berechnung bei den anderen Standorten unzulässig, weil diese jeweils einen Teilnutzen mit dem Wert 0 aufweisen.

3.5 Ergebnisse kontrollieren

Ausgangslage   Nach der Hauptphase einer Standortanalyse stehen die Alternativen fest, welche als engere Wahl für eine Handlungsempfehlung infrage kommen. Allerdings sind die Ergebnisse einer Standortanalyse immer mit Unsicherheiten verbunden und somit grundsätzlich mit großer Sorgfalt zu interpretieren. Die Unwägbarkeiten gehen sowohl auf die verwendeten empirischen Eingangsdaten als auch auf die Auswahl der Untersuchungsparameter und die eingesetzten Rechenregeln zurück. Darüber hinaus besteht die Gefahr, dass sich die Vorteilhaftigkeit von Entscheidungsalternativen im Zeitverlauf aufgrund unbeeinflussbarer Rahmenbedingungen verändert. Weil Standortentscheidungen auf der einen Seite üblicherweise einen hohen Kapitalaufwand erfordern und sich gravierend auf den Unternehmenserfolg auswirken, auf der anderen Seite aber nur schwer revidiert werden können, sollte der endgültigen Handlungsempfehlung eine gründliche Kontrolle vorausgehen.

Aufgabe   Bei der Ergebniskontrolle wird untersucht, wie sich die Vorteilhaftigkeit der Alternativen ändert, wenn eine oder mehrere Einflussgrößen um eine bestimmte Abweichung variieren. Das Ziel besteht darin, einerseits die Unsicherheiten der Analyse aufzudecken und andererseits mögliche Risiken der Alternativen abzuwägen. Zur Berücksichtigung dieser beiden Gesichtspunkte bietet sich ein zweistufiges Verfahren an. Im ersten Schritt prüft eine Sensitivitätsanalyse, wie sich Veränderungen einzelner Eingangsdaten und Analyseparameter auf die Alternativenbewertung auswirken. Somit wird Transparenz über (untersuchungs-) interne Unsicherheiten geschaffen und die Stabilität der Analyseergebnisse sichtbar. Im zweiten Schritt werden Szenarien entwickelt, die jeweils eine optimistische, realistische und pessimistische Einschätzung zukünftiger Umweltzustände repräsentieren, um die (externen) Risiken der Alternativen abzubilden.

Ergebnis   Nach der Ergebniskontrolle, in einem erläuternden Bericht, beispielsweise unter dem Titel *Unsicherheiten* oder *Chancen und Risiken* dokumentiert, ist die Standortanalyse abgeschlossen. Als ihr Endergebnis erfolgt nun die Handlungsempfehlung. Sie schlägt den Verantwortlichen vor, wie sie das Entscheidungsproblem lösen sollen. Die Kontrollergebnisse können in die Handlungsempfehlung einfließen, indem sie in Bezug auf ein akzeptables Unsicherheitsbzw. Risikoniveau gebracht werden, dessen Höhe von der Risikotoleranz abhängt, d.h. den subjektiven Einstellungen der Entscheidungsträger. Bei Unsicherheiten über die Qualitäten der einzelnen Lösungen und über ihre Realisierbarkeit können auch zwei oder mehr Optionen für die Handlungsempfehlung vorgesehen werden. Die Entscheidungsträger und eventuell weitere Adressaten werden über diese endgültigen Untersuchungsergebnisse – in einem Bericht als eigenes Kapitel z. B. *Empfehlung*, *Fazit* oder *Schlussfolgerung* festgehalten – in Kenntnis gesetzt, sodass sie über deren Umsetzung beschließen können: Entweder sie heißen die Empfehlung gut, oder sie bestimmen das weitere Vorgehen so, dass die Analyse fortgeführt oder auch nichts unternommen wird.

3.5.1 Sensitivitätsanalyse

Die Güte der empirischen Messdaten spielt für die Aussagekraft der Untersuchungsergebnisse eine große Rolle. Ungenaue Messwerte können zu falschen Entscheidungen führen. Bei Standortanalysen liegen die Eingangsdaten jedoch in der Regel nicht exakt vor, sodass man davon ausgehen muss, dass die tatsächlichen Ausprägungen der Standortfaktoren um die verwendeten Messwerte schwanken: Standortdaten sind immer Näherungswerte. Außerdem stellt jedes Standortbewertungsmodell einen (mehr oder weniger) willkürlichen Ausschnitt der Wirklichkeit dar und ist daher ebenfalls mit einer Unsicherheit verbunden, die sich zusätzlich durch Ungenauigkeiten, Inkonsistenzen oder Fehlern beim Festlegen der Analyseparameter erhöhen kann. Darüber hinaus können die eingesetzten Regeln bei allen Rechenschritten der Analyse – sei es beim Normieren, Gewichten, Bewerten oder Aggregieren – ihrerseits zu methodisch bedingten Ergebnisverzerrungen führen. Daher weisen Gruppenentscheidungen und Mehrmethodenansätze den Vorteil auf, dass eine Aggregation mehrerer Einzelergebnisse die **Stabilität der Endresultate** verbessert, Abweichungen aufdeckt und damit gleichzeitig Aufschluss über die Verlässlichkeit der Ergebnisse gibt.

Einen weiteren Beitrag zum Umgang mit diesen (analyse-)internen Unsicherheiten kann die Einbindung einer Sensitivitätsanalyse leisten, welche den Wirkungszusammenhang zwischen den folgenden Größen auf das Analyseergebnis untersucht.

- Eingangsdaten: Eine erste Möglichkeit besteht darin, den Einfluss von Veränderungen der Kriterienwerte einer bestimmten Alternative zu untersuchen. Diese Analyse ist von Bedeutung, wenn Zweifel an den Messwerten einzelner Standorte bestehen, vor allem wenn diese für eine Empfehlung infrage kommen.
- Teilnutzen: Zum anderen kann die Empfindlichkeit der Analyseergebnisse gegenüber Veränderungen bestimmter Scores untersucht werden. Dieser Typ der Sensitivitätsanalyse ist zweckmäßig, wenn Unsicherheiten in Bezug auf die Bewertung einzelner Standortfaktoren bestehen, d. h. beim Überführen von Messwerten mittels Nutzenfunktionen, aber vor allem beim Verwenden von direkten Ratings.
- Kriteriengewichte: Eine dritte Einsatzmöglichkeit bezieht sich auf das Variieren der Gewichte. Vor allem das Ermitteln der minimal erforderlichen Modifikation der Gewichte, die dazu führt, dass sich auch die Handlungsempfehlung verändert, stellt einen wichtigen Einsatzbereich für Sensitivitätsanalysen dar: Dies ist bei der Standortbewertung von besonderer Be-

Interne
Unsicherheit

Ergebnisstabilität

deutung, weil die Gewichtung der Standortfaktoren meist auf subjektiven Einschätzungen beruht.

Prinzip Sensitivitätsanalysen tragen insgesamt zur Transparenz der Entscheidungsfindung bei, indem sie zeigen, in welchem Maße Veränderungen der Inputgrößen die Vorteilhaftigkeit der Alternativen beeinflussen und zu Änderungen in der empfohlenen Alternativenreihenfolge (rank reversals) führen (SALTELLI et al. 2000). Somit lässt sich die Stabilität bzw. Empfindlichkeit einer Handlungsempfehlung gegenüber unsicheren Eingangsdaten und Analyseparametern einschätzen.

Rank reversal

Die Sensitivitätsanalyse gewährt darüber hinaus einen Einblick in die Struktur der internen Unsicherheiten. Zum einen deckt sie die wirkungsreichsten, d. h. die **kritischen Größen** auf, deren Veränderungen sich besonders stark auf das Analyseergebnis auswirken. Zum anderen ermittelt sie **kritische Werte** der Eingangsgrößen, bei denen sich die Vorteilhaftigkeit der Alternativen ändert. Diese lassen erkennen, innerhalb welcher Grenzen die Werte von Analyseparametern schwanken dürfen, ohne dass eine zuvor getroffene Handlungsempfehlung zu revidieren ist. Liegen diese kritischen Werte ausreichend weit von den berechneten Werten entfernt, kann das Analyseergebnis als robust angesehen werden. Hierfür können bestimmte Mindestanforderungen, wie z. B. ein Abstand von mindestens 10 % vorgegeben werden.

Verfahren Bezüglich des Untersuchungsablaufs empfiehlt es sich, nacheinander immer nur jeweils eine einzige Variable zu modifizieren, während alle anderen Analysedaten konstant gehalten werden. Zum einen ist auf diese Weise die Umsetzung in einem Tabellenkalkulationsprogramm leicht machbar und zum anderen lassen sich so die Auswirkungen der Manipulationen sofort ablesen. Die Untersuchungsgröße wird dabei innerhalb „realistischer" Wertebereiche bzw. „möglicher" Schwankungsbreiten schrittweise um eine konstante Einheit oder Prozentwerte verändert und die daraus resultierende Abweichung des Gesamtnutzens festgehalten. Anschließend wird die nächste Variable ausgewählt, und der Vorgang beginnt von Neuem. Dabei können die Schwankungsbereiche der empirischen Messwerte, bei Gruppenentscheidungen die (Extrem-)Werte der beteiligten Personen und bei Mehrmethodenansätzen die Ergebnisse der eingesetzten Gewichtungs- oder Bewertungsregeln herangezogen werden. Die Streuungsmaße lassen Rückschlüsse auf die **Ergebnisstabilität** zu: Je größer die Differenzen ausfallen, desto höher ist die Unsicherheit in den erzielten Ergebnissen. Es ist außerdem zweckmäßig, beim Interpretieren jeweils den Mittelwert der Scores oder uniforme Gewichte (Kap. 4.2.1) als Referenzmaß zu benutzen, weil an diesem die Schwankungsbreite nach unten und oben gleichmäßig verteilt ist.

Die Vorgehensweise einer Sensitivitätsanalyse lässt sich beispielhaft anhand der oben aufgeführten Entscheidungsmatrix (Tab. 6 und Tab. 7) erläutern. Bei der Ermittlung der Gesamtwerte wurden uniforme Kriteriengewichte von jeweils 25 % angenommen. Nun soll die Empfindlichkeit der Alternativenrangfolge bezüglich der Gewichtung untersucht werden. Eine Möglichkeit besteht darin, die kritischen Werte zu berechnen, bei denen die Beurteilung eines Alternativenpaars identisch ausfällt und deren Über- oder Unterschreitung jeweils einen Wechsel in der Rangfolge der Alternativen bedeutet. Ein ähnliches Verfahren mit indifferenten Alternativenpaaren wird auch beim Gewichten mit der MAUT-Bewertungsregel verwendet (Kap. 6.4.1.1).

Wir beginnen mit dem Standortfaktor *Steuer(-belastung)*: Um wie viel darf das Gewicht von *Steuern* (w_s) sinken oder steigen, damit Standort C nicht mehr empfohlen wird? Ein Paarvergleich der Alternativen A und B ergibt folgende Gleichung: $w_s \cdot 9 + 7 + 3 + 0 = w_s \cdot 1 + 2 + 3 + 10$. Nach dem Umformen ($w_s = (15 - 10)/(9 - 1) = 0,625$) und Normieren ($0,625/3,625 = 17,24$) erhält man als Ergebnis 17,2 %. Das bedeutet, dass sich die Rangfolge der beiden Alternativen bei einer Abnahme des Gewichts von 25 % auf unter 17,2 % verändert: Liegt das Gewicht oberhalb, ist Standort A besser als B, andernfalls ist es umgekehrt. Die Paarvergleiche der Optionen A und C ($w_s \cdot 9 + 7 + 3 + 0 = w_s \cdot 0 + 5 + 10 + 10$; $w_s = (25 - 10)/(9 - 0) = 1,67$; normiert: 35,8 %) sowie von B und C ($w_s \cdot 1 + 2 + 3 + 10 = w_s \cdot 0 + 5 + 10 + 10$; $w_s = (25 - 15)/(1 - 0) = 10$; normiert 77 %) ergeben dagegen Grenzwerte, die deutlich größere Abstände zum ursprünglich verwendeten Gewicht aufweisen.

Der mögliche Gewichtsraum (von 0 bis 100 %) lässt sich damit in zwei Abschnitte mit unterschiedlicher Handlungsempfehlung einteilen: Ab einem Gewicht von über 35,8 % ist nicht mehr Standort C, sondern A die beste Alternative, bei einem Gewicht von über 77 % wäre sogar Standort B besser als C. Bei einer niedrigeren Gewichtung bleibt die Handlungsempfehlung für C bestehen; lediglich A und B tauschen den zweiten Rang, wenn das Gewicht weniger als 17,2 % beträgt. Insgesamt ergeben sich somit vier sogenannte **Stabilitätsintervalle**, innerhalb derer sich die Gewichtung des betrachteten Kriteriums beliebig verändern lässt, ohne dass sich dies auf die Alternativenrangfolge auswirkt. Je enger die Intervallgrenzen sind, desto empfindlicher ist die Gewichtung des betrachteten Kriteriums.

Die genaue Vorgehensweise einer Sensitivitätsanalyse hängt immer vom Untersuchungsziel ab. Im Beispiel könnte man für die anderen drei Kriterien ebenfalls die kritischen Werte ihrer Gewichte berechnen und dann durch einen Vergleich (ihrer Mittelwerte) herauszufinden, welcher Gewichtungsfaktor als kritische Größe anzusehen ist. Es wäre auch denkbar gewesen, die Gewichte der Standortfaktoren auf bestimmte Werte zu setzen, z. B. beim Kriterium *Steuern* auf 50 %, um eine bestimmte Werthaltung der Entscheidungsträger wie etwa eine starke Kostenorientierung wiederzugeben.

Anwendung Das Einbinden einer Sensitivitätsanalyse bietet sich an, wenn Unsicherheiten bestehen entweder bezüglich der empirischen Datengrundlage oder der subjektiven Analysekomponenten (WOLTERS/MARESCHAL 1995; SALTELLI et al. 1999). Aus der Prüfung können sich drei verschiedene Schlussfolgerungen ergeben. Werden die ursprünglichen Ergebnisse bestätigt, weil sich die Alternativenrangfolge innerhalb impliziter oder explizit vorgegebener Toleranzgrenzen als stabil erweist, bleibt die Handlungsempfehlung unverändert. Kommt es dagegen zu starken Schwankungen, werden die Handlungsempfehlung zurückgestellt und die entsprechenden Analyseschritte wiederholt, um beispielsweise das Zielsystem zu verfeinern, eine genauere Datenerhebung durchzuführen oder andere Gewichtungs- bzw. Bewertungsregeln einzusetzen. Die dritte Möglichkeit kann darin bestehen, dass ein Berücksichtigen der Sensitivitätsanalyse zu einer abweichenden Handlungsempfehlung führt und eine robustere Alternative als Problemlösung vorgeschlagen wird.

3.5.2 Szenarioanalyse

Prinzip Der zweite Schritt bei der Ergebniskontrolle beschäftigt sich mit der Frage, wie anfällig die Entscheidungsmöglichkeiten gegenüber einer Variation der Umweltgrößen sind. Standortanalysen sind immer zeitpunktbezogen. Ihr Ergebnis gibt somit – die Aktualität aller Eingangsdaten vorausgesetzt – den gegenwärtigen Zustand der untersuchten Alternativen modellgetreu wieder. Standortentscheidungen sind jedoch in der Regel mit langfristigen Konsequenzen in einem veränderlichen Umfeld verbunden. Besonders wenn es um die Einschätzung verschiedener Standortnutzungsmöglichkeiten

Externe Unsicherheit geht, ist der Blick in die Zukunft unerlässlich, aber auch bei der Standortwahl ist eine Voraussicht empfehlenswert: In der Zukunft sind Abweichungen von den berechneten Analyseergebnissen möglich, wobei sich die zum Untersuchungszeitpunkt beste Alternative dann nicht mehr als überlegen erweisen könnte. Wenn man also annimmt, dass sich wichtige Standortfaktoren im Zeitverlauf ändern, ist es in jedem Fall sinnvoll zu prüfen, wie sich dies auf das Bewertungsergebnis auswirkt. Bei Standortentscheidungen ist allerdings die Vorhersage exakter Prognosewerte schwierig, weil sich die zukünftige Entwicklung unbeeinflussbarer Rahmenbedingungen, wie z.B. gesamtwirtschaftliche, politische oder technologische Umwelteinflüsse, nicht eindeutig vorhersehen lässt. Der Umweltunsicherheit kann man darum eher mit pessimistischen bzw. optimistischen Schätzwerten begegnen, welche die **Bandbreite künftiger Entwicklungsmöglichkeiten** abdecken und damit Risiken anstelle von Punktwerten als Schwankungsbereich angeben.

Um die mögliche Spannweite der Analyseergebnisse einzuschätzen, kann man im Rahmen einer Szenarioanalyse eine Anzahl unterschiedlicher Umweltzustände (s_1, s_2, s_3, … s_n) bestimmen (GRÜNIG/KÜHN 2006). Die Vorgehensweise ähnelt der Sensitivitätsanalyse: Man variiert Merkmalsausprägungen und betrachtet die Auswirkungen auf die Untersuchungsergebnisse. Anders als bei der Sensitivitätsanalyse werden aber nicht einzelne Merkmalsausprägungen variiert, sondern **Datenkombinationen** gebildet, die sach-

Szenario lich plausibel erscheinen. Ein Szenario sollte also ein bewusst gestaltetes und in sich konsistentes Bündel an Merkmalsausprägungen darstellen, welche einen bestimmten Umweltzustand, z.B. Lohn- oder Marktentwicklungen oder das Wachstum des Bruttoinlandsproduktes, wiedergeben. Auf diese Weise lassen sich Alternativenwerte für unterschiedliche Zukunftsbilder berechnen.

Verfahren Aus Vereinfachungsgründen ist es bei der Szenarioanalyse notwendig, die Betrachtung auf die besten Alternativen, die wichtigsten Standortfaktoren und wenige Situationen zu beschränken. Als Erstes werden die Standortfaktoren ausgewählt, deren mögliche Ausprägungen die Szenarien repräsentieren sollen. Diese sollten lediglich diejenigen Größen umfassen, welche entweder – möglicherweise auf die Ergebnisse einer Sensitivitätsanalyse gestützt – als entscheidende Einflussfaktoren angesehen werden oder von denen man annimmt, dass sich deren Ausprägungen im Zeitverlauf signifikant wandeln. Üblicherweise wird dann für jedes Kriterium jeweils der wahrscheinlichste, schlechtest- und bestmögliche Wert definiert. Aus deren Kombination ergeben sich die Grundszenarien.

Ausgehend vom gegenwärtigen Zustand bildet man ein **Trendszenario**, das die voraussichtliche Zukunftslage repräsentiert. Da aber, wie oben geschildert, die Prämisse der unvollkommenen Information besteht, wird es positive und negative Abweichungen davon geben. Um die ganze Bandbreite möglicher Auswirkungen abzudecken, werden optimistische und pessimistische Datenkonstellationen erstellt. Aus der Verkettung aller maximalen bzw. minimalen Merkmalsausprägungen ergeben sich entsprechende **Extremszenarien**. Bei kontinuierlichen Umweltmerkmalen, wie z. B. makroökonomischen Konjunkturdaten, ist dabei – entsprechende Datenreihen vorausgesetzt – ein Rückgriff auf Vergangenheitswerte hilfreich, um sich auf Streuungsmaße wie die Standardabweichung oder Varianz als objektive Berechnungsgrundlage stützen zu können. Anhand der Höhe der berechneten Alternativenwerte für die Grundszenarien und ihrer Abstände zueinander lassen sich unterschiedliche Aussagen über die Risiken der einzelnen Alternativen ableiten und für Vergleiche heranziehen. Erstens geben die Worst-Case-Werte das Mindestresultat bzw. den Maximalverlust der Alternativen wieder. Zweitens lässt sich der Abstand des Trend-Szenarios zu den Extremszenarien wie auch deren Differenz untereinander als Chance bzw. Risiko auffassen.

Ein weiterer Gesichtspunkt, welcher bei der Risikobeurteilung von Entscheidungsalternativen eine Rolle spielt, ist der **Betrachtungszeitraum**: Je weiter man in die Zukunft blickt, desto größere Abweichungen vom Analyseergebnis sind möglich. Auch der Abstand zwischen den maximal und minimal erreichbaren Alternativenwerten nimmt dabei zu: Graphisch dargestellt, öffnet sich das Spektrum der potenziellen Zustände wie ein Trichter, wenn man den gegenwärtigen Zustand (t_0) einer Alternative als Ausgangspunkt wählt (Abb. 6).

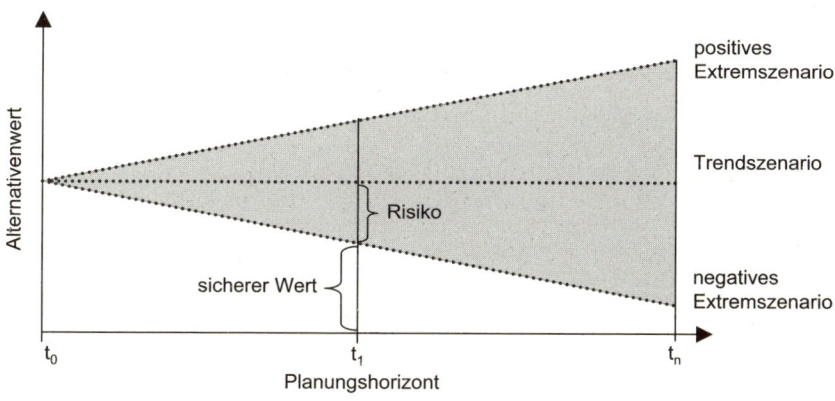

Abb. 6: Grundelemente der Szenarioanalyse

Das Trendszenario ist in Abb. 6 idealtypisch etwa in der Mitte des Trichters angesiedelt. Dies bedeutet allerdings nicht, dass der Zukunftstrend eines Standorts nicht eher der negativ bzw. positiv bewerteten Extremausprägung angenähert sein kann. Zu klären, wo das Trendszenario anzusiedeln ist, stellt vielmehr ein Bestreben der Szenario-Methode dar. Der Verlauf der

Schwankungsbreite muss ebenfalls keineswegs linear zunehmen. Stattdessen kann es vorkommen, dass ein Standort im Vergleich zu anderen Alternativen kurzfristig besser abschneidet als bei einer langfristigen Betrachtung. Daher kann es sinnvoll sein, die Unsicherheit für mehrere Perioden, beispielsweise t_1: 2 Jahre, t_2: 5 Jahre, t_3: 10 Jahre und t_4: 20 Jahre, getrennt zu berechnen und dementsprechend kurz-, mittel- oder langfristige Zukunftsszenarien zu erstellen. Dabei werden entweder unterschiedliche Einflussfaktoren verwendet oder die Ausprägung der gleichen Standortmerkmale für die einzelnen Zeitpunkte geschätzt. Anschließend können die Szenarienwerte aggregiert werden, wobei die Gewichtung im Verhältnis zum Planungshorizont abnehmen sollte, um die steigende Unsicherheit der Schätzungen auszugleichen.

Risiko   Eine Entscheidung unter Risiko ist durch bekannte Wahrscheinlichkeiten für das Eintreten **bestimmter Umweltzustände** gekennzeichnet. Um die Szenarioanalyse sinnvoll einzusetzen, sollte man daher nicht nur möglichst realistische Zukunftsbilder entwickeln, sondern diese auch anschließend nach ihrer geschätzten „Glaubwürdigkeit" gewichten. Als zahlenmäßiger Ausdruck für die Höhe der Eintrittswahrscheinlichkeiten (probability; p) werden Gewichtungsfaktoren definiert. Wenn hierfür keine Datengrundlage vorliegt, ist es notwendig, die Eintrittswahrscheinlichkeiten der Umweltzustände subjektiv einzuschätzen und daraus Gewichtungsfaktoren abzuleiten (Kap. 4).

Folgende Skala gibt ein Beispiel für das Quantifizieren subjektiver Erwartungen (p) über den Eintritt einer Datensituation (s_i) vor (Tab. 8).

Tab. 8: Ratingskala für eine qualitative Szenariogewichtung

	Skalenstufen	
	textlich	numerisch
p_{s1}	sicher	1,00
p_{s2}	ziemlich sicher	0,75
p_{s3}	wahrscheinlich	0,50
p_{s4}	möglich	0,25
p_{s5}	unmöglich	0

Jedem Ausprägungszustand wird ein Gewicht zugewiesen, das die Wahrscheinlichkeit beziffert, mit der eine bestimmte Person sein Eintreten erwartet. Anschließend müssen die Werte normiert werden, damit sich die Wahrscheinlichkeiten zu einem Wert von 100 % summieren.

Erwartungs-aggregation   Im nächsten Schritt lassen sich die gewichteten Ergebnisse der Szenarien vereinigen, sodass sich für jede Alternative ein einzelner Zukunftswert ergibt (WOLTERS/MARESCHAL 1995). Mathematisch betrachtet ergibt sich dieses als **Erwartungswert** (μ) bezeichnete Maß üblicherweise additiv, d. h. als Summe der mit ihren Eintrittswahrscheinlichkeiten (p) gewichteten Zielerreichungs-grade (e), die eine Alternative (j) bei einem Kriterium (i) in den verschiedenen Umweltsituationen (s$_1$, s$_2$, …, s$_n$) erreicht: $\mu_j = \sum_{s=1}^{n} e_{ij} \cdot p_s$. Positive bzw. ne-gative Abweichungen der Erwartungswerte vom berechneten gegenwärtigen Zielerreichungsgrad lassen sich als Chance bzw. Risiko verstehen. Wenn das Risiko für die Entscheidungsträger eine wichtige Rolle spielt, kann der Erwartungswert das zentrale Argument bei der Handlungsempfehlung darstellen. Eine entsprechende Entscheidungsregel, das Erwartungswertprinzip, auch **Bayes-Regel** genannt, besagt, dass die Präferenz dem Erwartungswert ent-spricht, weshalb diejenige Handlungsalternative gewählt wird, welche den größten Erwartungswert aufweist. Als Sonderfall, bei dem alle Umweltzu-stände als gleich wahrscheinlich eingestuft werden, gibt es noch die soge-nannte **Laplace-Regel**. Diese kommt zum Einsatz, wenn die Eintrittswahr-scheinlichkeit der Zustände nicht angegeben werden kann – man spricht dann von Ungewissheit statt von Unsicherheit – was den Gebrauch der Bayes-Regel unmöglich macht.

Zur Veranschaulichung der Erwartungsaggregation nehmen wir wieder das obige Beispiel auf. Jetzt sollen die Grundszenarien der drei Standortalternativen defi-niert werden. Als realistische Trendwerte (s$_1$) nehmen wir die gegenwärtigen Al-ternativenwerte an, d. h. es wird davon ausgegangen, dass künftige Entwicklun-gen im Betrachtungszeitraum ohne grundlegende Auswirkung auf die untersuch-ten Optionen bleiben. Dem stellen wir die zwei Extremszenarien gegenüber. Das optimistische Best-Szenario (s$_2$) repräsentiert eine positive Umweltentwicklung, also Steuersenkungen, sinkende Lohnkosten, Nachfrageboom und politische Sta-bilität. Das Worst-Szenario (s$_3$) steht für eine pessimistische Zukunftseinschät-zung, die durch Steuererhöhung, steigende Lohnkosten, Rezession sowie politi-sche Unruhen gekennzeichnet ist. Somit ergibt sich folgende Entscheidungsma-trix (Tab. 9), welche die Teilnutzenwerte der Alternativen für die verschiedenen Szenarien wiedergibt:

Tab. 9: Entscheidungsmatrix mit Teilnutzen für unterschiedliche Szenarien

Szenarien	Steuer			Lohn			Markt			Stabilität		
	s$_1$	s$_2$	s$_3$	s$_1$	s$_2$	s$_3$	s$_1$	s$_2$	s$_3$	s$_1$	s$_2$	s$_3$
Standort A	9	10	5	7	10	2	3	5	0	0	10	0
Standort B	1	2	0	2	3	1	3	4	2	10	10	0
Standort C	0	5	0	5	10	0	10	10	5	10	10	0

Um Erwartungswerte zu berechnen, werden zunächst die Datenkonstellationen der Szenarien (additiv mit uniformen Gewichten; Kap. 4.2.1) aggregiert, sodass sich für jede Alternative drei Zustände (e) ergeben (Tab. 10). Nun werden noch, um die Erwartungswerte (μ) berechnen zu können, die Gewichtungsfaktoren für deren Eintrittswahrscheinlichkeiten festgelegt: p(s$_1$) = 0,7; p(s$_2$) = 0,1 und p(s$_3$) = 0,2. Folgende Entscheidungsmatrix zeigt die entsprechenden Erwartungs-werte (Tab. 10):

Tab. 10: Entscheidungsmatrix mit Gesamtwerten für unterschiedliche Szenarien

	Zustand			Erwartungswert	
	Trend e(s_1)	best e(s_3)	worst e(s_3)	Bayes	Laplace
Wahrscheinlichkeit	**0,7**	**0,1**	**0,2**		
Standort A	19	35	7	18,2	61
Standort B	16	19	3	13,7	38
Standort C	25	35	5	22	65

Aus der Entscheidungsmatrix ist ersichtlich, dass nach der Bayes-Regel die Alternative C mit einem Erwartungswert von $25 \cdot 0,7 + 35 \cdot 0,1 + 5 \cdot 0,2 = 17,5 + 3,5 + 1 = 22$ insgesamt den höchsten Nutzen verspricht, während Standort B eindeutig unterlegen ist. Ein Vergleich mit der Laplace-Regel bestätigt dieses Ergebnis. Aus der Matrix wird aber auch klar, dass bei einer genaueren Betrachtung der Szenarien die Handlungsempfehlung nicht eindeutig ausfällt, weil Standort A beim Best-Case ebenbürtig und beim Worst-Case sogar besser abschneidet, weshalb ein sicherheitsorientierter Entscheidungsträger diesen bevorzugen würde. Spezielle Entscheidungsregeln, welche die Risikoeinstellung der Entscheidungsträger bei der Alternativenbewertung berücksichtigen, stellt Kap. 6.2 vor.

Entscheidungsbaum

Zum besseren Veranschaulichen der Unsicherheiten lassen sich die Ergebnisse als (Risiko-)Profil in einem Streudiagramm darstellen (Abb. 13 in Kap. 6.3.2): Im Koordinatensystem gibt dann die Senkrechte beispielsweise die Wahrscheinlichkeit und die Waagerechte die jeweiligen Alternativenwerte an. Aber auch das bereits beschriebene Prinzip der hierarchischen Anordnung bietet sich auch in Verbindung mit Erwartungswerten für eine übersichtliche graphische **Darstellung alternativer Lösungswege** an: Man spricht dann von der Entscheidungsbaummethode. In der folgenden Darstellung sind die oben berechneten Werte der Standorte A und C aufgeführt und zwei anderen Optionen gegenübergestellt (Abb. 7):

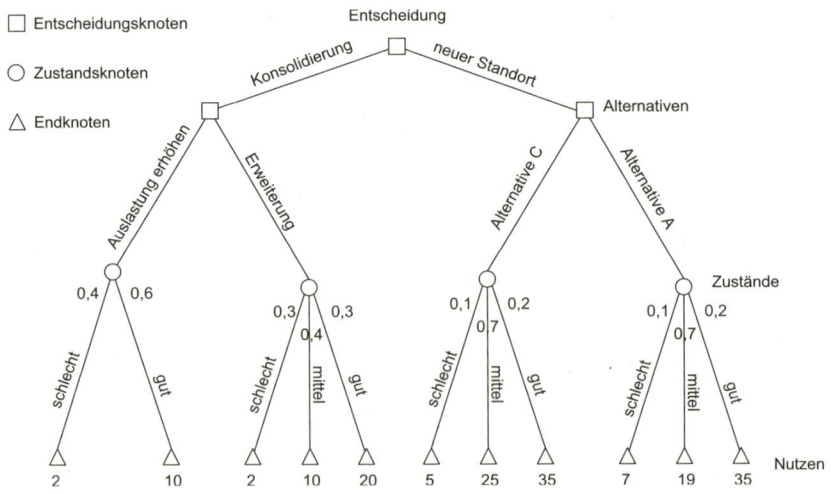

Abb. 7: Entscheidungsbaum

An der Spitze des Entscheidungsbaumes steht ein Kasten als Symbol für das Entscheidungsproblem, das es zu lösen gilt. Von diesem Kasten aus wird für jede mögliche Option eine Linie nach unten gezogen und mit einer Kurzbeschreibung beschriftet. Zusätzlich können weitere Informationen angegeben werden, wie etwa die aggregierten Erwartungswerte und – falls bekannt – auch die Ergebnisse einer monetären Analyse, wie etwa die Kosten, die beim Umsetzen einer Alternative anfallen. Dies wird so lange fortgeführt, bis alle infrage kommenden Entscheidungsalternativen und ihre möglichen Ergebnisse (Endknoten) aufgeführt sind. Wenn das Ergebnis einer Entscheidung unsicher ist, wird ein Kreis gezeichnet. Kästen (Entscheidungsknoten) repräsentieren also Entscheidungen und Kreise (Zustandsknoten) unsichere Ergebnisse.

Ein Kritikpunkt an der Berechnung der Erwartungswerte und einer darauf aufbauenden Handlungsempfehlung nach dem Bayes-Prinzip richtet sich darauf, dass dabei eine indifferente Risiko-Einstellung zum Ausdruck kommt. Für risikoscheue bzw. risikofreudige Entscheider können die Gewinn- und Verlustmöglichkeiten jedoch einen wichtigen Aspekt bei der Alternativeneinschätzung darstellen: Letztere würden eine Option, wie im obigen Beispiel Standort A, die insgesamt zwar weniger attraktiv, aber sicherer ist, einer „besseren" Alternative mit hohen Risiken vorziehen. Möglichkeiten zur formalen Berücksichtigung der Risikoneigung der Entscheidungsträger beim Bewerten von Standorten werden in Kap. 6.2 vorgestellt.

In der Praxis der Standortplanung besteht oft Ungewissheit darüber, welche von mehreren Datensituationen eintreten wird, was **keine vertretbaren Wahrscheinlichkeitsangaben** für die Szenarien zulässt. Bei Entscheidungen unter Ungewissheit, wenn lediglich die möglichen Umweltzustände, nicht jedoch deren Eintrittswahrscheinlichkeiten bekannt sind, kann man diese dennoch im Rahmen der risikoneigungsorientierten Entscheidungsregeln (Kap. 6.2) berücksichtigen. Im Extremfall, wenn die beteiligten Personen weder klare Vorstellungen von Eintrittswahrscheinlichkeiten noch von den möglichen Zuständen der Daten besitzen, empfiehlt sich eine qualitative Modellierung der Unsicherheit, beispielsweise als Auflistung von Pro- und Contra-Argumenten im Rahmen einer SWOT-Analyse (Kap. 5.1.3).

Risikoneutralität

Ungewissheit

4 Standortfaktoren gewichten

Gewichtungsregeln

Dieses vierte Kapitel behandelt Regeln, welche das **Ableiten von Gewichten** (weight elicitation) für Standortfaktoren aus qualitativen Urteilen der Entscheidungsträger (oder anderer ausgewählter Personen) ermöglichen, ohne dass empirische Eingangsdaten vorliegen müssen. Alle dargestellten Gewichtungsmethoden können auch eingesetzt werden, um die relative Vorteilhaftigkeit verschiedener Alternativen einzuschätzen. So wird beispielsweise bei der Nutzwertanalyse (Kap. 5.2.2) oder beim Analytischen Hierarchieprozess (Kap. 6.4.2) die Kriteriengewichtung und die Alternativenbewertung auf die gleiche Weise durchgeführt.

4.1 Vorgehensweise

Gewichtungsfaktor

Die Gewichtung quantifiziert die relative Bedeutung, welche ein Entscheidungsträger einzelnen Kriterien hinsichtlich ihrer Problemlösungsbeiträge beimisst. Wegen der Vollständigkeitsanforderung an das Zielsystem (Kap. 3.4.1.1) ist es erforderlich, dass die Summe der Gewichte aller Unterziele stets den Wert 1 (oder 10, 100, 1000 etc.) beträgt, damit sich bei optimalen Standorteigenschaften ein Gesamtnutzen von 100 % ergibt (BAMBERG/ COENENBERG 2004). Unabhängig von der gewählten Berechnungsregel muss man sich beim Gewichten für eine von zwei Vorgehensweisen entscheiden (BOTTOMLEY/DOYLE 2001; SAATY/VAGAS 2001). Folgende Darstellung (Abb. 8) zeigt die zwei Verfahrensarten am Beispiel eines einfachen Zielbaums. Die Werte geben die Merkmalsgewichte wieder, wobei lediglich eingekreiste Zahlen direkt von den Entscheidungsträgern festgelegt wurden:

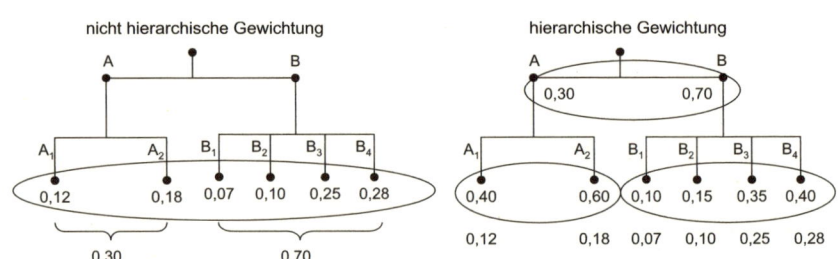

Abb. 8: Gewichtung in der Zielhierarchie

Nicht hierarchisches Gewichten

Bei der nicht hierarchischen Gewichtung werden alle Zielkriterien auf der untersten Hierarchieebene gleichzeitig gewichtet. Dabei erfolgt eine Normierung dieser absoluten Gewichtungskennziffern (man spricht auch von „Rohgewichten") auf den Wert 1 (bzw. 100 %). Die Gewichte aller Elemente auf höheren Hierarchieebenen errechnen sich dagegen rein formal aus der Summe der Gewichte der ihnen untergeordneten Elemente. Im Beispiel setzt sich also das Gewicht von Ziel A aus der Summe von A_1 und A_2 (0,12 + 0,18) zusammen, während das Gewicht von Ziel B sich aus den Gewichten der Elemente B_1 bis B_4 (0,07 + 0,10 + 0,25 + 0,28) ergibt. Weil die dabei resultierenden Zahlenangaben die Beiträge repräsentieren, welche die einzelnen Hierarchieelemente für das Erreichen des Gesamtziels beisteuern, werden sie auch als **globale Gewichte** bezeichnet.

Beim hierarchischen Verfahren werden dagegen alle Gewichte von den Entscheidungsträgern unmittelbar, nach Hierarchiegruppen getrennt festgelegt. Die Summe der dabei hervorgehenden Werte beträgt innerhalb einer Hierarchiegruppe immer einen Wert von 1 (bzw. 100 %), sodass diese sogenannten **lokalen Gewichte** nur angeben, welchen Beitrag ein Hierarchieelement für die Zielerreichung des direkt übergeordneten Elements leistet. Im Beispiel sind daher drei voneinander getrennte Gewichtungsschritte notwendig: So wird erstens die Relevanz von A_1 und A_2 hinsichtlich der Erreichung von Ziel A, zweitens die der Kriterien B_1, B_2 und B_3 in Bezug auf Ziel B und drittens die Wichtigkeit von A und B im Hinblick auf das Gesamtziel gewichtet. Die Werte lassen sich in globale Kriteriengewichte umrechnen, indem man das lokale Gewicht eines Elements entweder mit den lokalen Gewichten aller übergeordneten Elemente entlang der jeweiligen Zielkette oder dem Globalgewicht des unmittelbar übergeordneten Elements multipliziert. Im Beispiel werden die Lokalgewichte von A_1 (0,40) und A_2 (0,60) jeweils mit dem Gewicht von A (0,30) vervielfacht, sodass sich wie bei der nicht hierarchischen Vorgehensweise Werte von 0,12 und 0,18 ergeben (Abb. 8).

Hierarchisches Gewichten

Anwendung Ein wesentlicher Vorteil des nicht hierarchischen Verfahrens besteht darin, dass nur die Gewichte der untersten Ebene – also der Messkriterien und Indikatoren – bestimmt werden müssen: Ein zeitaufwendiges und unter Umständen auch inhaltlich schwieriges Einstufen abstrakter Elemente auf höheren Hierarchieebenen ist nicht erforderlich. Auf der anderen Seite gibt es aus anwendungsorientierter Sicht auch mehrere Argumente, die für die hierarchische Vorgehensweise sprechen. So wird dabei die Gewichtung insofern erleichtert, als dass weniger Elemente gleichzeitig betrachtet werden müssen. Dabei kann es außerdem hilfreich sein, lediglich solche Elemente miteinander zu vergleichen, die demselben inhaltlichen Bereich angehören. Ein anderer Vorteil hierarchisch ermittelter Gewichte besteht darin, dass durch das Prinzip der hierarchischen Problemzerlegung auch bei großen Kriterienzahlen auf einer Hierarchieebene die Übersicht gewährt bleibt. Außerdem sind die lokalen Gewichtungsfaktoren oft auch leichter zu interpretieren, weil die Differenzierungs- und Aussagekraft der Zahlenangaben mit zunehmender Kriterienzahl abnimmt (ADAM 1993). Ein weiterer Einwand, der gegen die nicht hierarchische Vorgehensweise spricht, geht auf das rein rechnerische Bilden von Gewichten aus der Summe der untergeordneten Gewichte zurück. Dies hat zur Folge, dass disaggregierte Ziele mit vielen untergeordneten Elementen tendenziell übergewichtet – und umgekehrt aggregierte Ziele benachteiligt werden (PÖYHÖNEN/ HÄMÄLÄINEN 1998). Wenn also die Teilbereiche der Zielhierarchie extrem unterschiedlich differenziert sind, sodass die Größe der Hierarchiegruppen stark schwankt, sollte eine hierarchische Prozedur verfolgt werden.

Die einzelnen Regeln unterscheiden sich im Hinblick auf die Anforderungen an die Urteilsfähigkeit der Entscheidungsträger, sodass ihre Adäquanz von der jeweiligen Problemstellung abhängt: Es ist dabei derjenige Ansatz zu bevorzugen, der die Präferenzvorstellung der Anwender in einer gegebenen Entscheidungssituation am besten zum Ausdruck bringt. Aus einer Vielzahl von Studien geht hervor, dass die Gewichtungsschätzung vielfältigen verzerrenden Einflüssen unterliegt und dass die unterschiedlichen Gewichtungsmethoden zu abweichenden Handlungsempfehlungen führen können. Im Hinblick auf die Ergebnisqualität ist daher im Allgemeinen der Einsatz mehrerer Gewichtungsregeln zu empfehlen, der außerdem den Vorteil bringt, dass er das Ausmaß an methodischen Abweichungen offenbart und somit die Ergebnisstabilität im Sinne einer Sensitivitätsanalyse aufzeigt (Kap. 3.5.1).

4.2 Direkte Gewichte

Regeln zum direkten Bestimmen der Merkmalsrelevanz bieten rechnerisch einfache Gewichtungsmöglichkeiten auf der Basis von absoluten oder verhältnisbezogenen Einschätzungen auf Ratingskalen. Im Folgenden werden die vier Hauptansätze vorgestellt.

4.2.1 Einheitliche Gewichte

Equal Weighting   **Prinzip**   Die einfachste Gewichtungsregel, die Vergabe gleicher Gewichte (**E**qual **W**eighting, **EW**), benötigt minimales Wissen über die Präferenzen der Entscheidungsträger: Es ist lediglich zu klären, ob ein Element (i) für die Problemlösung überhaupt eine Rolle spielt. Ist dies der Fall, erhält es ein absolutes **Rohgewicht** (r_i) von 1, sonst bekommt es einen Wert von 0 und kann aus dem Entscheidungsmodell entfernt werden. Das relative Gewicht (w) eines Elements (i) ergibt sich nach der Normierung, indem man die absoluten Gewichte (r) durch die Anzahl der zu berücksichtigenden Elemente (n) dividiert: $w_i = 1/n$, mit i = 1, …, n. Bezogen auf das obige Beispiel (Abb. 8) bedeutet dies bei hierarchischer Vorgehensweise für die beiden Unterkriterien von A ein Gewicht von jeweils 1/2, für die vier Unterkriterien von B ein Gewicht von je 1/4 und für A und B wiederum jeweils 1/2. Bei einer nicht hierarchischen Vorgehensweise erhalten alle sechs Unterkriterien ein Gewicht von 1/6, woraus sich für A und B Gewichte von 2/6 bzw. 4/6 ableiten. Im Rahmen einer additiven Aggregation entspricht also das Gesamtergebnis bei einer EW-Gewichtung dem arithmetischen Mittelwert der Teilnutzen.

Anwendung   Nur in den seltensten Fällen sehen die Entscheidungsträger bei der Standortbewertung alle Merkmale als gleichbedeutend an, sodass sich die EW-Regel üblicherweise aus inhaltlichen Gründen verbietet. Der Gebrauch von uniformen Gewichtungsfaktoren sollte grundsätzlich nur dann erwogen werden, wenn das Ableiten differenzierter Angaben aufgrund fehlender Informationen zu großen kognitiven Schwierigkeiten führt. Ein Einsatz bei der Standortbewertung ist am ehesten dann zu rechtfertigen, wenn eine außerordentlich große Merkmalszahl zu betrachten ist und die

Gewichtungsfaktoren ohnehin nur geringfügig vom Durchschnittswert abweichen würden (Einhorn/Hogarth 1975; Horsky/Rao 1984). Außerdem kann durch die Vorgabe von EW bei Gruppenentscheidungen eine unüberbrückbare Meinungsdifferenz zwischen mehreren Entscheidungsträgern überwunden werden (Barron/Schmidt 1988). Daneben ermöglicht die Gleichgewichtung eine Kontrolle der Untersuchungsergebnisse im Rahmen von Sensitivitätsanalysen.

4.2.2 Absolute Schätzwerte

Prinzip Eine in der Praxis verbreitete Gewichtungsmethode stellt das direkte Einschätzen der Merkmalsrelevanz auf einer normierten Ratingskala (**D**irect **R**ating, **DR**) dar. Absolut bedeutet in diesem Zusammenhang, dass jedes Element ausschließlich für sich betrachtet wird und die Schätzwerte ohne Bezug zu den anderen Elementen zustande kommen. Die Verhältnisse der Gewichte ergeben sich rein rechnerisch aus der Normierung der Schätzwerte.

    Verfahren Eckenrode (1965) schlägt hierfür vor, die zu gewichtenden Merkmale neben einer elfstufigen Ratingskala (ganzzahlig mit Werten von 0 bis 10) aufzulisten. Der Entscheidungsträger legt das Rohgewicht (r_i) als numerischen Ausdruck für die absolute Relevanz eines Merkmals i fest, indem er dieses durch eine Linie mit einer Skalenstufe verbindet (Abb. 9).

Direct Rating

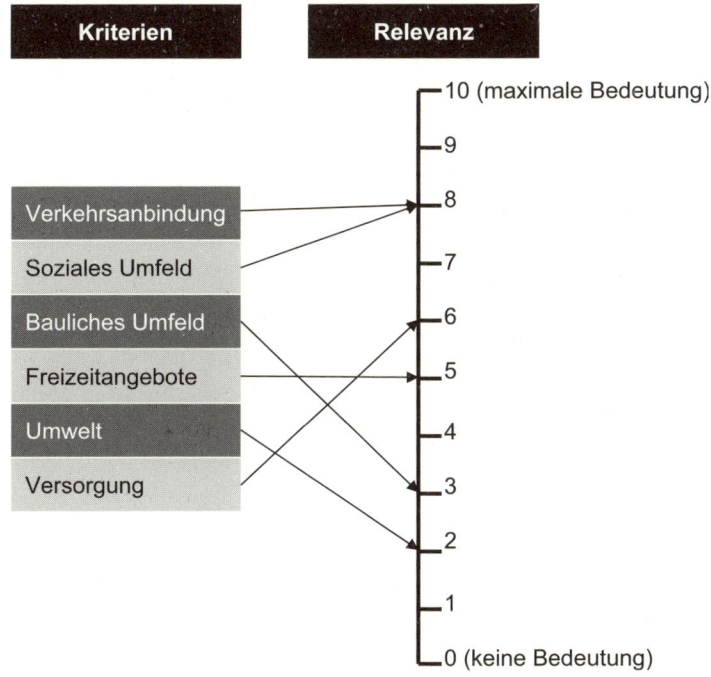

Abb. 9: Gewichtung mit Direct Rating – Rohgewichte

Die relative Bedeutung (w_i) eines Merkmals (i) leitet sich durch eine Division des entsprechenden Rohgewichts (r_i) mit der Summe aller Rohgewichte ab: $w_i = r_i / \sum_{i=1}^{n} r_i$; i = 1, …, n. Aus den in Abb. 9 dargestellten Ratings (r) gehen somit folgende normierte Gewichte (w_{DR}) hervor (Tab. 11):

Tab. 11: Gewichten mit der Direct Rating-Regel

	Relevanz (r)	Gewicht (w_{DR})
Verkehrsanbindung	8	25,000
soziales Umfeld	8	25,000
bauliches Umfeld	3	9,375
Freizeitangebote	5	15,625
Umwelt	2	6,250
Versorgung	6	18,750
Summe	**32**	**100**

Anwendung   Auch beim Gewichten besteht ein großer Vorteil der Rating-skalen darin, dass sie an die jeweilige Problemstellung angepasst werden können. Die resultierenden Gewichte hängen beispielsweise von der Anzahl der Skalenstufen ab: je mehr, desto genauer. Dabei kann es sowohl erlaubt sein, mehrere Kriterien einer einzelnen Position auf der Skala zuzuordnen als auch Zwischenstufen zu wählen. Die DR-Regel ist daher auch mit unvollständigen Präferenzinformationen anwendbar, wenn z. B. lediglich drei Stufen mit Symbolen wie Sternen oder argumentativ (*eher unwichtig*, *mittel* und *eher wichtig*) unterschieden werden. In mehreren methodischen Vergleichsstudien hat die DR-Methode gut abgeschnitten (ITTERSUM et al. 2007). Allerdings spielt dabei die bewusste oder unbewusste Bevorzugung mittlerer Antwortkategorien (Tendenz zur Mitte) eine große Rolle. Aufgrund der isolierten Betrachtung der einzelnen Merkmale werden die Anwender zu keiner hinreichenden Differenzierung gezwungen, worunter die Aussagekraft der Gewichte leidet. In formaler Hinsicht ist zu bemängeln, dass die Einschätzungen bei der DR-Regel rein ordinaler Natur sind, weshalb ihre Normierung durch Dividieren im Grunde unzulässig ist. Die Abstände zwischen den Gewichten sind in jedem Fall mit Vorsicht zu betrachten und möglichst im Rahmen einer Sensitivitätsanalyse zu überprüfen.

4.2.3 Punktvergabe

Point Allocation   **Prinzip**   Eine Reihe von Autoren wie etwa RAO/SOBEL (1980) schlagen zur Gewichtung eine Punktvergabeprozedur (**P**oint **A**llocation, **PA**) vor, bei der beim Verteilen eine Gesamtpunktzahl eingehalten werden muss, um eine verhältnisorientierte Sichtweise einzunehmen.

Verfahren Das Budget an Punkten ist auf die Attribute vollständig zu verteilen, wobei sich deren relativer Stellenwert durch den Anteil an den Gesamtpunkten ausdrückt: je wichtiger, desto mehr Punkte (BORCHERDING et al. 1991). Zweckmäßigerweise werden dabei standardisierte Summen von 1, 10, oder 100 vorgeschrieben, damit bei diesem Verfahren kein zusätzliches Normalisieren der Gewichte notwendig ist.

Anwendung Weil immer das verbleibende Punktebudget beachtet werden muss, kann die Punktverteilung bei einer größeren Merkmalszahl eine schwierige kognitive Aufgabe für die Anwender darstellen (BOTTOMLEY et al. 2001; ZHU/ANDERSON 1991). So geht die psychologische Literatur davon aus, dass die durchschnittliche menschliche Informationsverarbeitungskapazität auf etwa sieben gleichzeitig zu betrachtende Elemente beschränkt ist (MILLER 1956). So ist die PA-Regel in erster Linie im Rahmen einer hierarchischen Vorgehensweise einsetzbar.

4.2.4 Verhältnisorientierte Schätzwerte

Prinzip WINTERFELDT/EDWARDS (1986) schlagen eine Gewichtungsregel vor, bei der sich die Gewichte der Reihe nach aus dem paarweise ermittelten Verhältnis direkter absoluter Einstufungen (**Direct Ratio**, **DRatio**) ergeben, sodass die Differenz in der Relevanz zwischen den Kriterien zum Ausdruck kommt.   *Direct Ratio*

Verfahren Zunächst werden die Kriterien wie beim DR-Verfahren einzeln auf einer einheitlichen Ratingskala eingestuft. Dann werden sie entsprechend ihrer absoluten Relevanz, hier als Präferenzstärke (DR) bezeichnet, gereiht. Als Nächstes werden die in der Rangliste benachbarten Merkmale paarweise bezüglich der Differenz ihrer Präferenzstärken bewertet. Das Rohgewicht (r_i) des nächsthöheren Merkmals i ergibt sich aus der Summe der Division der Präferenzstärken und des Rohgewichts des vorhergehenden Merkmals (r_{i+1}); geht man aufsteigend vor, wird als Erstes dem als am unwichtigsten eingestuften Merkmal als Rohgewicht ein fester Basiswert von $r_n = 10$ zugewiesen („Min10"-Variante): r_i (DRatio) $= \dfrac{DR_i}{DR_{i+1}} + r_{i+1}$ mit i = 1, …, n, wobei n die Zahl der berücksichtigten Elemente, DR_i die Präferenzstärke des entsprechenden Merkmals und DR_{i+1} die Präferenzstärke des Vergleichsmerkmals wiedergibt. Die resultierenden Rohgewichte werden dann wie üblich durch eine Division mit ihrer Gesamtsumme normalisiert.

Beispiel Fünf Entscheidungsträger eines Betreibers von Windkraftanlagen haben für die Auswahl zukünftiger Standorte in der Nord- und Ostsee die Relevanz von sechs Standortfaktoren auf einer zehnstufigen Ratingskala bewertet. Die folgenden DR-Werte geben die Mittelwerte der Personengruppe wieder (Tab. 12). Die Relevanz des Merkmals *Bodenbeschaffenheit* ist mit einer Präferenzstärke von 22 am niedrigsten eingestuft und erhält daher als Rohgewicht den festen Basiswert von 10. Das Merkmal *Naturschutz* weist die zweitniedrigste Präferenzstärke von 28 auf. Dieser Wert wird nun durch die Präferenzstärke von Merkmal

Bodenbeschaffenheit dividiert und zu dessen Rohgewicht addiert: (28/22) + 10 = 11,27. Das Gleiche wird nun bei den folgenden Merkmalen wiederholt, bis alle Rohgewichte ermittelt sind. Abschließend werden die einzelnen Werte durch die Division mit ihrer Gesamtsumme normiert. Für das Merkmal *Bodenbeschaffenheit* ergibt sich auf diese Weise ein Gewicht (w_{DRatio}) von 10,00/80,44 = 12,43 % etc.

Tab. 12: Gewichten mit der Direct-Ratio-Regel

	Präferenz (DR)	Relevanz (r)	Gewicht (w_{DRatio})
Netzanbindung	65	16,40	20,39
Wassertiefe/Meeresbewegung	61	15,33	19,06
Windkapazität	56	14,24	17,70
Schifffahrt	54	13,20	16,41
Naturschutz	28	11,27	14,01
Bodenbeschaffenheit	22	10,00	12,43
	Summe	**80,44**	**100**

Anwendung   Ein Gebrauch der DRatio-Regel setzt – wie bei allen direkten Methoden – voraus, dass die beteiligten Personen die absolute Relevanz der einzelnen Kriterien auch tatsächlich abschätzen können. Daher eignen sich diese Gewichtungsregeln vor allem für einfache Fragestellungen, bei denen die Kriterien zur Alternativenbewertung bereits etabliert sind und die Anwender mit „gesundem Menschenverstand" oder Fachwissen „sichere" Urteile treffen können (SAATY 1986b).

4.3 Paarvergleiche

Pairwise Comparison

Prinzip   Eine weitere Gruppe von Gewichtungsregeln stellen Paarvergleiche (**P**airwise **C**omparison, **PC**) dar. Dabei werden alle relevanten Elemente paarweise miteinander verglichen. Bei den Paaren ist jeweils einzuschätzen, welches der beiden Kriterien wichtiger ist. Die Ergebnisse werden dann kriterienweise aggregiert und normiert.

Verfahren   Das Prinzip der Paarvergleiche soll an dieser Stelle anhand des Schemas von KEPNER/TREGOE (1976) veranschaulicht werden. Als erster Schritt erhält jedes Kriterium einen Buchstaben oder Zahlencode. Dann wird eine Tabelle, die sogenannte **Paarvergleichsmatrix**, erstellt, die jedem Element eine Spalte und eine Zeile zuordnet. Die Zellen, in denen ein Element mit sich selbst verglichen würde, sowie die Zellen, welche einen Vergleich wiederholen würden, werden gestrichen. Bei den verbleibenden Zellen vergleicht man jeweils das Element in der Zeile mit dem Element in der

Spalte. Als Ergebnis trägt man in jede Zelle den Buchstaben (Zahlencode) des wichtigeren Elements ein, sodass sich im Beispiel mit sechs Kriterien folgende Paarvergleichsmatrix (Tab. 13) ergibt:

Tab. 13: Paarvergleichsmatrix

		A	B	C	D	E	F
A	soziales Umfeld		A	A	A	E	A
B	Verkehrsanbindung			B	D	E	B
C	Versorgung				C	C	F
D	Freizeitangebote					E	F
E	bauliches Umfeld						E
F	Umwelt						

Das Rohgewicht (r) eines Merkmals entspricht der Anzahl, mit der ein Kriterium in den Paarvergleichen den Vorzug erhält. Durch eine Division mit der Gesamtsumme erhält man Prozentwerte. Für das obige Beispiel berechnen sich somit folgende Gewichte (Tab. 14):

Tab. 14: Gewichten mit der Paarvergleichsregel

		Relevanz (r)	Gewicht (w_{PC})
A	soziales Umfeld	4	26,66
B	Verkehrsanbindung	2	13,33
C	Versorgung	2	13,33
D	Freizeitangebote	1	6,66
E	bauliches Umfeld	4	26,66
F	Umwelt	2	13,33
	Summe	**15**	**100**

Anwendung Paarvergleiche helfen, Bedeutungsunterschiede zwischen Standortfaktoren herauszuarbeiten, auch wenn deren Relevanz a priori unklar ist (TRIANTAPHYLLOU 1999). Gegenüber einer direkten absoluten Einschätzung werden dabei eher **differenzierte Ergebnisse** erreicht. Eine Streuung in den Gewichtsätzen kann in vielen Entscheidungssituationen, besonders bei einer hohen Kriterienzahl vorteilhaft sein, wenn es darum geht, sehr ähnliche Alternativenbewertungen zu vermeiden und eine eindeutige Handlungsempfehlung herbeizuführen. Anstatt einer dichotomen Unterscheidung mit einer reinen Häufigkeitszählung lassen sich bei den Vergleichen auch Ratingskalen verwenden, um zusätzlich die Abstände zwischen der Relevanz wiederzugeben (Kap. 6.4.2.1). Ein wesentlicher Nachteil dieser Verfahren besteht jedoch darin, dass die Anzahl der benötigten Vergleiche quadratisch mit der Anzahl der zu berücksichtigenden Elemente steigt und daher schon bei einer mittleren Kriterienzahl nicht mehr praktikabel ist.

4.4 Bandbreitenorientierte Gewichte

Swing Weights

Prinzip   Das auf WINTERFELDT/EDWARDS (1986) zurückgehende **Schwenkverfahren** (**S**wing **W**eights, **SW**) beruht auf dem Grundgedanken, dass die abgeleiteten Kriteriengewichte vom Ausprägungsintervall ihrer Messwerte abhängen sollten: Ist die Distanz zwischen dem kleinsten und dem größten Messwert bei einem bestimmten Merkmal groß, so kommt diesem Merkmal auch bei der Alternativenbewertung eine hohe Bedeutung zu. Ist die Spanne dagegen gering, spielt dieses Merkmal für die Einschätzung der Alternativen nur eine geringe Rolle. Ein bandbreitenorientierter Gewichtungsfaktor gibt somit die relative Bedeutung des jeweiligen Elements anhand des Schwenks (Swing), d. h. der Veränderung des Zielerreichungsgrades von der schlechtesten bis zur besten Ausprägung wieder.

Verfahren   Wenn zum Zeitpunkt der Gewichtung bereits Daten über die Alternativen vorliegen, dann können die gemessenen Extremwerte als Ausgangspunkt für die Ableitung bandbreitenorientierter Gewichte herangezogen werden. Für jedes Element werden die Extremwerte sowie ihre Differenz ermittelt. Die Gewichte ergeben sich durch eine Division mit der größten festgestellten Bandbreite und eine anschließende Normalisierung.

Ein Forschungszentrum hat im Auftrag einer Stiftung fünf Standortfaktoren in 18 OECD-Staaten vergleichend analysiert. Die Ergebnisse sind in folgender Entscheidungsmatrix aufgeführt (Tab. 15):

Tab. 15: Gewichten mit der Swing-Weights-Regel

	Steuern	Arbeit	Regulierung	Finanzierung	Infrastruktur
Belgien	33,1	42,4	42,0	49,0	65,3
Dänemark	41,8	50,0	79,7	77,3	84,6
Deutschland	44,9	35,4	27,4	76,3	82,3
Finnland	60,6	51,0	57,9	63,8	82,3
Frankreich	30,0	40,2	55,6	59,7	59,9
Großbritannien	58,2	44,6	81,2	91,3	59,6
Irland	60,6	50,0	61,9	76,4	51,1
Italien	63,1	29,1	26,6	30,2	18,7
Luxemburg	70,8	46,0	60,9	49,3	78,2
Niederlande	40,3	44,2	43,3	74,8	81,9
Österreich	52,3	33,5	38,9	65,8	73,2

Polen	73,7	46,1	37,3	30,0	0,0
Schweden	57,0	42,6	48,9	58,0	78,1
Schweiz	50,5	40,3	75,7	72,7	89,1
Slowakei	88,1	42,0	64,7	56,0	20,3
Spanien	40,8	40,1	46,7	71,3	39,4
Tschechien	60,5	40,6	50,9	43,0	30,1
USA	32,8	54,3	95,0	87,6	49,6
Berechnung der SW-Gewichte					
Maximalwert	88,1	54,3	95,0	91,3	89,1
Minimalwert	30,0	29,1	26,6	30,0	0,0
Differenz	58,1	25,1	68,3	61,3	89,1
Relevanz (r)	65,2	28,2	76,6	68,8	100
Gewicht (w_{sw})	**19,2**	**8,3**	**22,6**	**20,3**	**29,5**

Im Beispiel sind die Unterschiede zwischen den Ländern bei der *öffentlichen Infrastruktur* mit 89,1 am größten. Diese Bandbreite wird nun als Referenzwert herangezogen. Alle anderen Merkmalsspannen werden durch ihn dividiert. Die resultierenden Verhältniswerte stellen die Rohgewichte (r) für die Merkmalsrelevanz dar, die wie üblich durch eine Division mit ihrer Gesamtsumme (338,8) normalisiert werden und als Endergebnis die in der untersten Zeile aufgeführten Gewichte (w_{sw}) ergeben. *Infrastruktur* erhält somit 100/338,8 = 29,5 % etc.

Variante   Als Näherungsverfahren, falls keine empirischen Daten vorliegen, können für jedes Attribut auf einer Ratingskala Einschätzungen über die Bedeutung eines Schwenks zwischen dem best- und schlechtestmöglichen Zielerreichungsgrad abgefragt werden. Die Ergebnisse sollen somit angeben, inwieweit der maximal denkbare Wechsel in der Ausprägung eines Merkmals die Einschätzung des Alternativennutzens in den Augen des Anwenders verändert. EDWARDS/BARRON (1994) schlagen dabei vor, folgende Frage zu stellen: *„Bestimmen Sie das ausschlaggebende Element; dieses erhält 100 Punkte. Dann wird das nächste Kriterium bestimmt und folgendermaßen bewertet: ‚Wie bedeutend ist Ihnen der Schwenk dieses Elements im Vergleich zum Wichtigsten?‘ Wäre es halb so belangvoll, erhielt es 50 Punkte, ist es genauso wichtig 100, spielt es keine Rolle bekommt es keinen Punkt. Dies wird so lange wiederholt, bis jedem Element ein Wert zwischen 0 und 100 zugeordnet ist."* Durch die Normalisierung erhält man dann die relativen Gewichte.

  Anwendung   Die SW-Regel beruht auf einer klaren Logik. In ihren Ergebnissen kommt auch der verhältnisorientierte Charakter der Gewichte besser zum Ausdruck als bei absoluten Einschätzungen oder dichotomen Paarvergleichen. Wenn empirische Eingangsdaten vorliegen, sind beim Gewichten gar keine Ratings notwendig, womit sich die dabei anfallenden Unsicherheiten und der Berechnungsaufwand verringern. Auf der anderen Seite kann die Regel gerade bei einem langfristigen Einsatz in der Standortplanung zu einem Mehraufwand führen, weil die Gewichte jedes Mal angepasst werden müssen, wenn neue Alternativen hinzukommen oder auch veränderte Ausprägungen bestehender Alternativen außerhalb der ursprünglichen Bandbreiten liegen.

4.5 Rangfolgenbasierende Gewichte

Ersatzgewichte   **Prinzip**   In vielen Entscheidungssituationen ist ein Einsatz der bisher behandelten Gewichtungsregeln nicht möglich, weil entweder die Vorstellungen und Präferenzinformationen der Entscheidungsträger zu ungenau sind, keine empirischen Daten vorliegen oder eine Anwendung aus Zeitgründen unpraktikabel erscheint. In solchen Fällen bieten sich rangfolgenbasierende Regeln an, welche das Gewichten vereinfachen, indem sie den einzelnen Kriterien auf der Grundlage eines Rankings vorgegebene Näherungswerte, sogenannte Ersatzgewichte (Surrogate Weights) zuordnen.

Verfahren   Für die ordinale Differenzierung werden die Entscheidungsträger gebeten, die Standortfaktoren gemäß ihrer Relevanz in aufsteigender Form zu reihen, indem sie jedem Element einen ganzzahligen numerischen Rang (R_i) zuweisen: Das wichtigste Merkmal erhält den ersten Rang ($R_i = 1$), das Zweitwichtigste den zweiten Rangplatz ($R_2 = 2$) etc. bis zum unwichtigsten Kriterium (j), das den letzten (n-ten) Rang ($R_j = n$) erhält. Wurde eine solche Rangfolge bestimmt, lassen sich daraus auf verschiedene Weise Gewichtungsfaktoren ableiten.

Die Entscheidungsträger eines Produktionsunternehmens wollen im Rahmen ihrer Expansionsstrategie die Vorgehensweise bei der Standortwahl festlegen. Als Ergebnis wurden die folgenden sechs Standortfaktoren bestimmt und entsprechend ihrer Bedeutung in eine Rangfolge gebracht. Den Entscheidungsträgern gilt die Ausprägung des Teilziels *Grundstück* als das wichtigste Kriterium, dann folgen *Verkehrslage, Nachfragepotenzial* und *Konkurrenzsituation, Lieferantennähe* und zuletzt *Auflagen/Förderprogramme*. Sie erhalten die in Spalte *Rang* aufgeführten Rangkennziffern (R_i) zugeordnet, welche zu den in den weiteren Spalten aufgeführten Gewichten (w) führen (Tab. 16).

Tab. 16: Gewichten mit rangfolgenbasierenden Regeln

	Rang	Gewichte		
		w_{RS}	w_{RR}	w_{ROC}
Grundstück	1	28,6	40,8	40,8
Verkehrslage	2	23,8	20,4	24,2
Nachfragepotenzial	3	19,0	13,6	15,8
Konkurrenzsituation	4	14,3	10,2	10,3
Lieferantennähe	5	9,5	8,2	6,1
Auflagen/Förderprogramme	6	4,8	6,8	2,8
Summe	**21**	**100**	**100**	**100**

Verfahren Bei der Methode der Rangsumme (**R**ank **S**um, **RS**) erhalten die Merkmale proportional zu ihrem Rang Gewichte zugeordnet, welche dann durch die Summe aller Ränge (im Beispiel: 1 + 2 + 3 + 4 + 5 + 6 = 21) dividiert werden. Allgemein lautet die Formel zur Berechnung des normalisierten RS-Gewichts w_i eines Merkmals i (STILLWELL et al. 1981):

$$w_i(RS) = \frac{n - R_i + 1}{\sum_{j=1}^{n} R_j} = \frac{2(n - R_i + 1)}{n(n + 1)}, i = 1, \ldots, n;$$ wobei w_i das normali-

sierte Gewicht des Kriteriums i, R_i den Rang des i-ten Merkmals und n die Anzahl der Merkmale darstellt. Bezogen auf das Beispiel mit sechs Merkmalen erhält das bedeutendste Merkmal ein Gewicht von w_1 = 6/21 = 28,6% und das unwichtigste Merkmal ein Gewicht von w_6 = 1/21 = 4,8% (Tab. 16).

Bei rangreziproker Gewichtung (**R**ank **R**eciprocal, **RR**) zieht man den Umkehrwert der Rangposition ($1/R_i$) eines Kriteriums i im Verhältnis zum Umkehrwert aller Ränge heran (STILLWELL et al. 1981):

$$w_i(RR) = \frac{1/R_i}{\sum_{j=1}^{n} 1/R_j}, i = 1, \ldots, n.$$

Im Beispiel mit sechs Merkmalen ergibt sich für das wichtigste Kriterium ein normalisiertes Gewicht aus w_1 = (1/1)/(1/1 + 1/2 + 1/3 + 1/4 + 1/5 + 1/6) = 40,8% und für das unwichtigste Merkmal ein Gewicht von w_6 = 6,8% (Tab. 16).

Eine dritte Möglichkeit zur Zuweisung vorgegebener Gewichte anhand ordinaler Präferenzinformationen bietet die Rangordnungsschwerpunktregel (**R**ank **O**rder **C**entroid, **ROC**) von BARRON (1992). Beim ROC-Verfahren wird der Gewichtungsraum (von 0 bis 1) anhand der Anzahl der zu berücksichtigenden Elemente in gleiche Teilbereiche gegliedert. Die Gewichte entsprechen dem Mittelpunkt dieser Teilbereiche. Beim einfachsten Fall mit nur zwei Elementen erhält folglich das wichtigere Element ein Gewicht von 0,75 und das unwichtigere Element ein Gewicht von 0,25. Allgemein berechnet sich das ROC-Rohgewicht aus der Summe der umgekehrten Ränge aller unwichtigeren Elemente und des betrachteten Elements. Die normalisierten Gewichte w ergeben sich durch die Division der Rohgewichte durch die Anzahl (n) aller Merkmale (BARRON/BARRETT 1996a):

$$w_i(ROC) = \frac{1}{n} \sum_{j=1}^{n} \frac{1}{R_j}, i = 1, \ldots, n.$$

Im Beispiel mit n = 6 Merkmalen ergeben sich für das wichtigste Merkmal w_1 = (1 + 1/2 + 1/3 + 1/4 + 1/5 + 1/6)/6 = 2,45/6 = 40,8% und w_6 = (1/6) /6 = 2,8% für das unwichtigste Merkmal (Tab. 16).

Anwendung Rangfolgenbasierende Gewichtungsregeln erfordern lediglich ordinale Präferenzinformationen, d. h. der Anwender muss lediglich sagen können: *„Kriterium (j) ist wichtiger als Kriterium (i)".* Sie eignen sich daher auch für **komplexe Problemstellungen**, bei denen ein „freies" Gewichten zu schwer oder zu aufwendig wäre (AHN/PARK 2008; SRIVASTAVA et al. 1995; BARRON/BARRETT 1996b). Außerdem ist bei **Gruppenentscheidungen** die Wahrscheinlichkeit für eine Übereinstimmung bei einer Rangfolge höher als bei präziseren Werten (JIA et al. 1998). Ein Kritikpunkt an der Verwendung vorgegebener Näherungswerte stellt dagegen ihre **hohe Formalität**

Rangsummengewichtung

Rangreziproke Regel

Rangordnungsschwerpunktgewichtung

dar, welche einerseits die Möglichkeit ausschließt, dass zwei Elemente innerhalb einer Hierarchiegruppe das gleiche Gewicht erhalten und andererseits die Abstände zwischen den Gewichten vorgibt. Wie das Beispiel veranschaulicht, können sich bei gleichen Eingangsdaten beträchtliche Ergebnisunterschiede ergeben (Tab. 16): Während beim RS nur geringe Unterschiede zwischen den Gewichten wichtiger und unwichtiger Merkmale entstehen, heben RR und besonders ROC hochrangige Merkmale stärker hervor, was dazu führt, dass Alternativen überproportional bevorzugt werden, wenn sie beim wichtigsten Kriterium gut abschneiden und die restlichen Kriterien dagegen an Bedeutung verlieren.

5 Standorte qualitativ-heuristisch bewerten

Bewertungs- oder Entscheidungsregeln stellen formalisierte **Anleitungen zum Einschätzen der Präferenz von Entscheidungsalternativen** dar (Bechmann 1981). Sie geben auf unterschiedliche Weise vor, wie die Informationen einer Ergebnis- oder Entscheidungsmatrix interpretiert werden können, um daraus eine Handlungsempfehlung abzuleiten (Wang/Triantaphyllou 2006).

Bewertungsregeln

Die Darstellung der Methoden in den folgenden Kapiteln gliedert sich nach dem **Formalisierungsgrad**, der ihre Voraussetzungen und Möglichkeiten für einen Einsatz im Rahmen einer Standortanalyse maßgeblich bestimmt. Die Aufteilung bezieht sich erstens auf die Art der erforderlichen Analysedaten und unterscheidet die Kategorien *qualitativ* (eher ungenaue Schätzwerte) und *formal* (eher präzise empirische Eingangsdaten). Die zweite Abgrenzung zwischen *heuristisch* (pragmatische Daumenregeln) gegenüber *algorithmisch* (theoretisch fundierte Rechenoperationen) bezieht sich dagegen auf die Verarbeitungsweise der Analysedaten.

Qualitativ-heuristische Bewertungsregeln zielen auf ein einfaches Bearbeiten von Entscheidungsproblemen ab. Sie beruhen nicht auf wissenschaftlich fundierten Entscheidungsmodellen, sondern stellen **in der Praxis etablierte und bewährte Hilfsmittel** einer pragmatischen Entscheidungsfindung dar (Lüder 1990; Hellmig 1991). In diese Kategorie entfallen sowohl rein verbale Verfahren wie Checklisten und dialektische Argumentkataloge als auch numerische Profil- und Nutzwertanalysen.

5.1 Argumentkataloge

Neben rein verbalen Techniken gibt es viele zumindest in Teilen standardisierte Verfahren einer argumentativen Bewertung, welche – möglicherweise nicht messbare – **Standortfaktoren nach heuristischen Regeln in Zahlenwerte transformieren**. Diese sogenannten Argumentkataloge geben subjektive Einschätzungen – in der Regel als **verbale Zusammenfassung** der wesentlichen Eigenschaften oder Auswirkungen einer Alternative – in einer **logischen Anordnung** organisiert wieder, um das Problemverständnis und die Entscheidungsfindung zu unterstützen. Hinsichtlich der Gliederung erfasster Aspekte lassen sich **Prüflisten** von **dialektischen verbalen Bewertungen** unterscheiden. Im ersten Fall führt eine Aufzählung von erfüllten oder nicht erfüllten Anforderungen und im zweiten Fall eine Gegenüberstellung von Vor- und Nachteilen zur Alternativenbewertung.

5.1.1 Deskriptive Studien

Prinzip Es existiert eine große Bandbreite an formlosen oder nur schwach formalisierten Ansätzen der Argumentkataloge, welche Entscheidungsmöglichkeiten ausschließlich durch verbale Argumente beschreiben und nicht durch zusammengefasste Zahlenwerte (SCHOLLES 2005). Grundsätzlich lassen sich Standortalternativen auch auf **rein textlicher Basis** beschreiben, um Entscheidungen durch eine **Sammlung von Sachinformationen** zu verbessern. Der Gebrauch solcher sprachlich-argumentativer Verfahren erlaubt ein einfaches und schnelles Erfassen der spezifischen Bedingungen und ist damit zeit- und kostengünstig. Durchführen und Interpretieren der Analyse erfordern keine mathematischen Berechnungen. Weil die Ergebnisse nicht zu einem Zahlenwert verdichtet sind, ergibt sich dabei ein im Vergleich zu quantitativen Verfahren höherer Informationsgehalt und ein allgemein verständliches, ganzheitliches Bild der untersuchten Standorte. Auf der anderen Seite mindert jedoch ein Verzicht auf Wertungen in Zahlenform die Übersichtlichkeit und Eindeutigkeit der Untersuchungsbefunde, weil in verbalen Ergebnisbeschreibungen immer auch Gefühle und Neigungen zum Ausdruck kommen (SAATY 1990). Weil keine Trennung von Sach- und Wertebene erfolgt, ist eine rein sprachlich begründete Entscheidungsfindung oft wenig schlüssig und für Dritte meist nur schwer nachvollziehbar.

Sprachlich-argumentative Verfahren

Anwendung   Eine Vorgehensweise, die sich ausschließlich auf sprachliches Beschreiben beschränkt, eignet sich bei Standortanalysen somit eher für die vorgelagerte **Problemstrukturierung** oder das **Aufbereiten quantitativer Untersuchungsergebnisse** in einem erläuternden Bericht. In vielen Entscheidungssituationen ist es trotzdem notwendig, informative Untersuchungen ohne genaue Zahlenangaben über die Vorteilhaftigkeit von Alternativen durchzuführen, weil die Qualität der vorliegenden Daten oder die verfügbaren Ressourcen kein anderes Verfahren zulassen.

5.1.2 Qualitative Prüflisten

Checklisten

Prinzip   Prüflisten, oft synonym als Checklisten bezeichnet, sind in ihrer Grundstruktur binär formuliert (ja/nein) und **beurteilen somit Problemlösungen danach, ob die betrachteten Kriterienausprägungen erfüllt sind oder nicht** (GÄLWEILER 1986). Der Befund wird meist rein textlich als Übersicht in Tabellenform dargestellt.

Verfahren   Der Einsatz von Prüflisten umfasst zwei Phasen. Zunächst werden die erwünschten Merkmalsausprägungen verbal formuliert und tabellarisch aufgelistet. Dann werden die zur Verfügung stehenden Alternativen anhand einheitlicher Beurteilungskategorien dahingehend geprüft, ob sie diesen Gesichtspunkten entsprechen. Die Ergebnisse der Alternativen werden jeweils in einer Tabellenspalte festgehalten, um offenzulegen, welche Standorteigenschaften sie erfüllen. Dabei ist nicht bekannt, wie weit die Ausprägungen über- oder unterschritten werden, was lediglich Häufigkeitszählungen zulässt. Meist geht es darum, zu klären, ob *alle* Anforderungen gegeben sind, oder nicht: Entweder wird die Alternative beibehalten oder sofort abgelehnt. Eine **Häufigkeitszählung** der Spalteneinträge kann außerdem bei der Entscheidung helfen, indem die Alternativen danach geprüft werden, *wie viele* der Anforderungen sie einhalten. Die Entscheidung fällt dann zugunsten derjenigen Option, welche die meisten Standards aufweist. Eine dritte Einsatzmöglichkeit von Prüflisten besteht darin, zu kontrollieren, wie oft eine bestimmte Vorgabe von den untersuchten Alternativen erreicht wurde. Diese Ergebnisse lassen sich beispielsweise als Grundlage für eine Gewichtung nutzen: Je weniger Alternativen eine Standorteigenschaft vorweisen, als umso wichtiger ist diese anzusehen.

Folgendes Beispiel (Tab. 17) zeigt eine Prüfliste mit zehn Merkmalen, die bei der bereits erwähnten Standortsuche für eine Autofabrik (Kap. 3.1.1 und 3.3.2) zum Einsatz kam (KAMPERMANN 2003). Aufgrund der großen Anzahl von 250 Standortbewerbungen konnte BMW davon ausgehen, dass die Mindestanforderungen an mehreren Standorten vollständig erfüllt sein werden. Eine Kompensation an einem Standort, also ein Ausgleich fehlender Anforderungen durch eine besonders gute Ausstattung mit anderen Standortfaktoren, brauchte daher nicht geprüft zu werden, womit auch der genaue Zielerreichungsgrad in dieser Analysestufe keine Rolle spielte.

Tab. 17: Qualitative Prüfliste

	Standort		
technische Anforderungen	**A**	**B**	**C**
Grundstücksgröße: 200 bis 250 Hektar in einer Fläche, vorzugsweise in Form eines gedrungenen Rechteckes	√		√
Grundstückstopografie: relativ eben	√	√	√
technische Erschließung bzw. Erschließbarkeit: Strom-, Gas-, Wasserversorgung und Abwasserentsorgung in ausreichendem Umfang möglich	√	√	√
Verkehrserschließung: Gleisanschluss am Grundstück mit Bahnhof in der Nähe; Autobahnanschluss möglichst nahe, höchstens etwa 5 km entfernt		√	√
Wohnbebauung: mindestens 800 m, besser weiter entfernt		√	√
operative Anforderungen	**A**	**B**	**C**
internationaler Flughafen: maximal 1 Autostunde entfernt	√		√
Grundstücksgeologie: tragfähig für Industriebaufundierung; Grundwasserspiegel unterhalb der Gründungsebene; frei von entsorgungspflichtigen Altlasten	√	√	√
Baurecht: Herstellbarkeit der Planungssicherheit für den Bau einer Automobilfabrik mit Baubeginn; gewünscht mit Grundflächenzahl (GRZ) = 0,8 und Baumassezahl (BMZ) = 10,0		√	√

Die Prüfliste zeigt, dass von drei untersuchten Standortalternativen nur C alle gewünschten Eigenschaften (√ = Anforderung erfüllt) aufweist. Wahlmöglichkeiten A und B, welche die Basisanforderungen nicht vollständig erfüllen konnten, wurden dagegen im weiteren Verlauf der Standortsuche nicht weiter berücksichtigt. Auf diese Weise konnte BMW anhand der Überprüfung weniger Gesichtspunkte mehr als 80 % der Standortbewerbungen als ungeeignet ausschließen und die Alternativenzahl von 250 auf 30 Standorte begrenzen.

Alternativenaus-
schluss
Anwendung   Qualitative Prüflisten sind im engeren Sinne nicht als Bewertungsinstrumente, sondern eher als Hilfsmittel zur vorläufigen **Problemstrukturierung** anzusehen. Sie helfen allgemein zu erkennen, ob alle relevanten Bereiche einer bestimmten Thematik abgedeckt sind, und eignen
sich daher beispielsweise auch beim Erstellen eines **Zielkatalogs**
(Kap. 3.2.1). Bei einfachen Entscheidungen (z. B. bei Existenzgründern)
kann dies für eine Problemlösung reichen. Für eine Entscheidungsunterstüt-
zung in der Standortplanung bieten sie sich in erster Linie als einheitliches
Beurteilungsschema zur Kontrolle an, ob Optionen die als Mindestanforderungen (Kap. 3.2.4) vorgegebenen Merkmalsausprägungen erfüllen
(Brauchlin/Heene 1995). Dies ermöglicht eine schnelle Hervorhebung bzw.
Vorauswahl „günstiger" Möglichkeiten. Der wichtigste Anwendungsbereich liegt jedoch in der **Elimination von „unmöglichen" Optionen**, was in
vielen Fällen erst die Voraussetzung für den Einsatz aufwendigerer quantitativer Methoden zur Grob- oder Feinselektion von Entscheidungsoptionen
schafft. Ist der Zielerreichungsgrad der Alternativen bekannt, lassen sich
„quantitative" Prüflisten auch in späteren Analysephasen einsetzen
(Kap. 6.1.2).

5.1.3 Gegenüberstellungen

Balance-Sheet
Prinzip   Checklisten lassen sich von einer bloßen Auflistung in eine Gegenüberstellung ausbauen. Zu den oft auch als **Argumentbilanz** (Balance-
Sheet) bezeichneten Methoden einer solchen dialektischen Einschätzung
kann man alle Instrumente zählen, mit denen Kriterienausprägungen argumentativ abgewogen werden, um zu einem differenzierten Meinungsbild
über Entscheidungsalternativen zu gelangen: auf der einen Seite *„Was ist
gut?"*, und auf der anderen Seite *„Was ist schlecht?"*. Das Urteil über die Alternativen bezieht sich folglich ebenfalls nicht auf ihre Zielerreichung, sondern auf das **Vorhandensein bestimmter positiver oder negativer Ausprägungen**. Auf diese Weise soll sichergestellt werden, dass die Alternative mit
den stärksten bzw. meisten Vorteilen und den schwächsten bzw. wenigsten
Nachteilen den Vorzug erhält.

Pro-/Contra-Analyse
Verfahren   Gegenüberstellungen führen sprachliche Beschreibungen
bestimmter Standorteigenschaften als Argumente auf, um die Betrachtung
der Alternativen nach Vor- und Nachteilen (bzw. Stärken/Schwächen oder
Chancen/Risiken) zu unterscheiden. In der einfachsten Form, oft auch als
Pro-/Contra-Analyse bezeichnet, werden hierbei die vorteilhaften und die
ungünstigen Eigenschaften einer Alternative jeweils als Wertungseinheiten
in getrennten Tabellenspalten aufgelistet. Die Entscheidungsfindung kann
sich dann auf eine **Häufigkeitszählung** stützen, bei der sich die Vorteilhaftigkeit der Alternativen aus der Anzahl der Pluspunkte abzüglich der Menge an
Nachteilen ergibt. Diejenige Alternative mit den meisten Punkten ist zu bevorzugen. In einem weiteren Schritt kann dabei die Wichtigkeit der Argumente – aus Gründen der Übersichtlichkeit am Besten in eigenen Spalten
eingetragen – berücksichtigt werden. Statt der Anzahl der Argumente werden dann die Gewichte der Vor- und Nachteile addiert. Dabei erfolgt aber
kein Scoring, d. h. es findet keine Abstufung statt bezüglich des Ausmaßes,

in dem ein Argument für eine Alternative zutrifft. Daher geben die daraus abgeleiteten Gesamtwerte auch nicht den Nutzen einer Alternative wieder, sondern stehen lediglich für die jeweilige **Bedeutsamkeit aller Vor- und Nachteile**.

Eine verbreitete Form zum Abwägen der Vor- und Nachteile von Entscheidungsalternativen ist die **P**lus-**M**inus-**I**nterest-Methode (**PMI**) nach DE BONO (1992). Dabei werden, wie im Zusammenhang mit der Direct-Rating-Gewichtungsregel (Kap. 4.2.2) beschrieben, den einzelnen Plus- oder Minuspunkten auf einer Ratingskala Gewichte von 1 *(unwichtig)* bis 6 *(sehr wichtig)* zugeordnet. In einer weiteren Spalte (Interest) können zusätzliche Bemerkungen oder Erklärungen festgehalten werden. Als Beispiel nehmen wir an, dass ein Logistikunternehmen für seine internationale Expansion zwei Standortalternativen untersucht. Um zu klären, ob der Aufbau einer neuen Niederlassung am Standort A oder B umgesetzt werden soll, wurden von den Entscheidungsträgern acht Standortfaktoren ins Kalkül einbezogen und folgendermaßen gewichtet (Tab. 18):

Tab. 18: PMI-Regel – Standortfaktoren und Gewichte

Standortfaktor	Relevanz
1. Kundennähe/Marktwachstum	6
2. Entfernung/Überschneidung zu bestehenden Standorten	5
3. Verkehrsinfrastruktur/Transportkosten	4
4. Mitbewerb/Konkurrenz	3
5. Verfügbarkeit von Fachkräften	3
6. staatliche Förderungen	2
7. Steuerbelastung	2
8. politisches Umfeld/Sicherheit	1

Im Anschluss wurde ein Mitarbeiter beauftragt, auf Grundlage einer Datenrecherche für die beiden Optionen einzuschätzen, ob die Faktoren im Vergleich zum Heimatstandort positiv oder negativ ausgeprägt sind. Zur Entscheidungsfindung wurden die Gewichte erst spaltenweise addiert und danach voneinander abgezogen (Tab. 19):

Tab. 19: Bewerten mit der PMI-Matrix

Plus (Vorteil/Nutzen/Positives)		Minus (Nachteil/Kosten/Negatives)	
Standort A			
3	Verfügbarkeit von Fachkräften	Kundennähe/Marktwachstum	6
3	Mitbewerb/Konkurrenz	Entfernung/Überschneidung zu bestehenden Standorten	5
2	staatliche Förderungen	Verkehrsinfrastruktur/ Transportkosten	4
2	Steuerbelastung	**Gesamtwert gegen: 15**	
1	politisches Umfeld/Sicherheit		
	Gesamtwert für: 11		

Standort B			
6	Kundennähe/Marktwachstum	Entfernung/Überschneidung zu bestehenden Standorten	5
3	Mitbewerb/Konkurrenz	Verkehrsinfrastruktur/ Transportkosten	4
3	Verfügbarkeit von Fachkräften	Staatliche Förderungen	2
2	Steuerbelastung	politisches Umfeld/Sicherheit	1
	Gesamtwert für: 14	**Gesamtwert gegen: 12**	

Im Beispiel brachte die PMI-Analyse ein eindeutiges Ergebnis: Standort B ist zu selektieren, weil – als Grundbedingung für die absolute Vorteilhaftigkeit – das Ausmaß seiner Pluspunkte das der Nachteile überwiegt und er gleichzeitig im Vergleich zu Standort A die höhere Gesamtpunktzahl (+2 gegenüber -4) erreicht. Bei einer reinen Häufigkeitsauszählung wäre dagegen Standort A überlegen, weil er mehr Vor- als Nachteile aufweist, während bei Standort B die jeweilige Anzahl gleich ist.

SWOT-Analyse **Variante** Eine erweiterte Variante des dialektischen verbalen Bewertens stellt das bekannte **SWOT-Schema** dar. Ein Beispiel für dessen Einsatz im Rahmen von Standortanalysen zeigt PINIEK (2007). Dabei wird für jeden Standort ein als **Vier-Felder-Matrix** gegliederter Katalog erstellt, der verbale Argumente nach (denkbaren) Vorteilen (Stärken und Chancen) und Nachteilen (Schwächen und Risiken) getrennt aufführt (Tab. 20).

Tab. 20: SWOT-Matrix – Aufbau

Standort A		Standort B	
Stärken	**Schwächen**	**Stärken**	**Schwächen**
Stärkefaktor 1	Schwächefaktor 1	Stärkefaktor 1	Schwächefaktor 1
Stärkefaktor 2	Schwächefaktor 2	Stärkefaktor 2	Schwächefaktor 2
Stärkefaktor n	Schwächefaktor n	Stärkefaktor n	Schwächefaktor n
Chancen	**Risiken**	**Chancen**	**Risiken**
Chancenfaktor 1	Risikofaktor 1	Chancenfaktor 1	Risikofaktor 1
Chancenfaktor 2	Risikofaktor 2	Chancenfaktor 2	Risikofaktor 2
Chancenfaktor n	Risikofaktor n	Chancenfaktor n	Risikofaktor n

Die Stärken (**S**trengths) bzw. Schwächen (**W**eaknesses) verkörpern interne Gegebenheiten des gegenwärtigen Zustands einer Alternative. Chancen (**O**pportunities) und Risiken (**T**hreats) repräsentieren dagegen externe Gesichtspunkte, welche die zukünftige Position einer Option verbessern oder verschlechtern können. Die Einschätzung der zukünftigen Situation einer Alternative kann entweder auf der Grundlage von direkten Ratings, z.B. durch Interviews mit Marktteilnehmern und anderen fachlichen Experten erfolgen (Kap. 5.2.2), oder auf den Ergebnissen einer formalen Szenarioanalyse beruhen (Kap. 3.5.2).

Verfahren   Beim Problemlösen mithilfe einer SWOT-Analyse werden Entscheidungsmöglichkeiten üblicherweise anhand ihres **Gesamteindrucks ohne explizite Quantifizierung der Bewertungsgrößen** beurteilt (LILLICH 1992). Wenn es mehr Vor- als Nachteile gibt, so ist die betrachtete Alternative als vorteilhaft anzusehen. Für Standortvergleiche füllt man für jede Alternative entweder eigene Tabellen oder mehrere Spalten in einer gemeinsamen SWOT-Matrix aus und stellt dann die einzelnen Nettoergebnisse gegenüber, sodass die Differenzen zwischen den Vor- und Nachteilen sichtbar werden. In der Regel ist diejenige Alternative mit den meisten Vorteilen und den wenigsten Nachteilen vorzuziehen, gegebenenfalls können auch, wie bereits erwähnt, Gewichtungsfaktoren eine numerische Grundlage bieten. Neben der Standortwahl eignet sich eine SWOT-Analyse in der Standortplanung vor allem dazu, **Maßnahmen für einen bestimmten Standort** vorzubereiten (WEIHRICH 1990; SIMON/GATHEN 2003). Als Normstrategie gilt es einerseits, Stärken und Chancen aufrecht zu erhalten, auszubauen und zu erhöhen. Andererseits gilt es, Schwächen zu beheben oder abzutreten sowie Gefahren entgegenzuwirken. Eine formale Auswertung kann wieder entweder nach der Anzahl der jeweils aufgeführten Argumente oder der Summe ihrer Gewichte erfolgen. Folgende Handlungsempfehlungen können sich somit anhand der SWOT-Regel ergeben (Tab. 21):

Tab. 21: SWOT-Regel – Mögliche Handlungsempfehlungen in der Standortplanung

Standortwahl	Standortbezogene Maßnahmen
1. Stärke trifft auf Chance – vorhandene und erwartete zukünftige Vorteile überwiegen	
Alternative wählen	**offensive Expansion:** Stärken des Standorts ausbauen, um die Chancen des Umfelds zu nutzen (z. B. Ausweiten der Produktionskapazitäten)
2. Schwäche trifft auf Chance – vorhandene Nachteile und zukünftige Vorteile überwiegen	
Alternative wählen, wenn Chancen den Schwächen überwiegen	**offensive Konsolidierung:** durch den Abbau von Schwächen neue Möglichkeiten nutzen, oder umgekehrt: Chancen der Umwelt nutzen, um Schwächen zu verringern (z. B. Unternehmens- bzw. Standortkooperationen)
3. Stärke trifft auf Gefahr – vorhandene Vorteile und zukünftige Nachteile überwiegen	
Alternative wählen, wenn Stärken den Gefahren überwiegen	**absichernde Expansion:** Stärken des Standorts ausbauen, um die Risiken der Umwelt zu vermeiden (z. B. Neuausrichtung des angebotenen Leistungsprogramms)
4. Schwäche trifft auf Gefahr – vorhandene und zukünftige Nachteile überwiegen	
Alternative verwerfen	**defensive Konsolidierung:** durch den Abbau von Schwächen Gefahren ausweichen (z. B. Standortaufgabe)

Anwendung Argumentkataloge sollen helfen, erfolgsrelevante **Stärken und Schwächen der verfügbaren Alternativen aufzudecken**. Entsprechende Untersuchungen zeichnen sich zum einen durch die niedrigen Anforderungen an die Datengrundlagen und zum anderen durch die Einfachheit und den niedrigen Abeitsaufwand aus. Sie erlauben dem Betrachter ein verständliches, schnelles Bild von den Gesichtspunkten, mit denen sich eine Handlungsempfehlung begründen lässt. Dies kann auch beim Darstellen der mit formalen Instrumenten herbeigeführten Analyseergebnisse im Ergebnisbericht eine klärende Wirkung erzielen. So bietet beispielsweise

Kosten-Nutzen-
Analyse das Pro-/Contra-Schema die Möglichkeit, eine qualitative Kosten-Nutzen-Analyse durchzuführen, indem gezielt die Kosten (als negative Argumente) und Nutzen (als positive Argumente) einer Alternative in der jeweiligen Spalte aufgeführt werden. Weil die Ergebnisse der Argumentkataloge jedoch immer zur Willkür tendieren und zu undifferenziert sind – die Standortanalyse erfolgt ohne Alternativenscores – eignen sie sich weniger zum direkten Ableiten von Aussagen für die Entscheidungsfindung, als zur vorgelagerten Problemanalyse oder zum nachgelagerten Aufbereiten der Ergebnisse quantitativer Analysen (CHANG/HUANG 2006). Lediglich bei einfachen Entscheidungen, die wenige Alternativen und Kriterien beinhalten, lassen sich aus einer Häufigkeitsauszählung standortbezogener Vor- und Nachteile endgültige Handlungsempfehlungen ableiten. Ein solcher Einsatz kann außerdem bei unwichtigen oder reversiblen Standortentscheidungen ausreichend sein, wenn die Differenzen zwischen den Alternativen entweder offensichtlich oder äußerst gering sind, sodass etwaige Risiken nicht ins Gewicht fallen.

5.2 Ratingmethoden

Bei Ratingmethoden erfolgt wie bei den Argumentkatalogen eine tabellarische Auflistung von Kriterien, wobei zusätzlich der **Zielerreichungsgrad der Alternativen in numerischer Form** erfasst wird. Allerdings werden hierfür lediglich einzelne Ausprägungsstufen auf Ratingskalen unterschieden (ADAM 1993). Die Methodengruppe lässt sich weiter in Profilmethoden und Nutzwertanalysen unterteilen: Erstere bewerten Alternativen ohne vollständige Nutzenaggregation, während Letztere den Gesamtnutzen einer Alternative berechnen.

5.2.1 Profilmethode

Prinzip Aus den Ausprägungen der einzelnen Kriterien ergeben sich Eigenheiten, welche in ihrer Gesamtheit den besonderen Charakter eines Standorts ausmachen (BROCKFELD 1997). Das Verwenden von Zahlen ermöglicht somit eine zeichnerische Charakterisierung von Standorten. Eine solche graphische Darstellung des mehrkriteriellen Zielerreichungsgrades von

Entscheidungsoptionen wird üblicherweise als Profilmethode bezeichnet. **Standortprofile** können durch drei Charakteristika beschrieben werden. Die mittlere Ausprägung der Skalenwerte lässt auf das Gesamtniveau der Zielerreichung einer Alternative schließen, während die Streuung eines Profils die Differenziertheit der Zielerreichung einer Auswahlmöglichkeit repräsentiert. Neben der Veranschaulichung der Zielerreichung dient ein Profil aber vor allem zum **Verdeutlichen von Analogien**: die Form eines Profils, die durch die Abfolge der Messwertausprägungen gekennzeichnet ist, lässt sowohl das Abgrenzen verschiedener Alternativentypen als auch den Vergleich mit einer Ideallösung zu (KAISER 1989).

Verfahren Bei der Profilmethode wird jeder Standortfaktor auf einer Ratingskala bewertet und in einem gemeinsamen Diagramm abgebildet. Aus Gründen der Übersichtlichkeit ist es sinnvoll, dass alle Kriterien einheitlich erfasst und alle Skalen gleich gerichtet sind. Sollen viele Standortalternativen dargestellt werden, ist ein Streudiagramm – oft als Portfoliomatrix bezeichnet – zweckmäßig (Abb. 13 in Kap. 6.3.2). Dabei können allerdings immer nur höchstens drei (aggregierte) Standorteigenschaften gleichzeitig abgebildet werden.

[Marginalie: Streudiagramm]

Bei einer größeren Merkmalszahl ist entweder ein Balken- oder ein Liniendiagramm zu wählen. Mit dem Polaritätsprofil und dem Netzdiagramm haben sich hierbei zwei standardisierte Darstellungsvarianten etabliert. Beim sogenannten Polaritätsprofil werden die Merkmalsausprägungen der Optionen auf symmetrischen Skalen mit einem neutralen Mittelpunkt zwischen einem positiven und einem negativen Extrempunkt (z.B. Gegensatzpaar *optimal/ungenügend*) festgehalten. Während hier die Skalen der Kriterien über- oder nebeneinander aufgeführt sind, ordnet sie ein **Netzdiagramm** als Achsen um einen gemeinsamen Ursprung kreisförmig und gleichmäßig an. Auf den Achsen sind Standortfaktoren als Nutzenmerkmale eingetragen: Je weiter ein Wert vom Mittelpunkt entfernt liegt, desto besser. Folglich werden einseitig gerichtete Skalen verwendet, bei denen bessere Bewertungen durch einen höheren Zahlenwert zum Ausdruck kommen, z.B. von 1 *(ungenügend)* bis 7 *(optimal;* Abb. 10). Sowohl beim Polaritätsprofil als auch beim Netzdiagramm werden die Achsenwerte einer Alternative mit einer Linie verbunden, um Vergleiche mit anderen Optionen zu erleichtern. Hierfür kann zusätzlich die von der Umrisslinie eingeschlossene Fläche farblich ausgefüllt werden.

[Marginalie: Polaritätsprofil]

Als Ausgangspunkt für eine beispielhafte Anwendung der Profilmethode betrachten wir die Standortentscheidung eines mittelständischen Maschinenbauunternehmens. Dieses erwägt, einen neuen Produktionsstandort zu errichten. In einem ersten Schritt geht es dem Geschäftsführer um die grundsätzliche Überlegung, ob dies am Heimatstandort oder im Ausland erfolgen soll. Sein Assistent erhält die Aufgabe, als Grundlage für eine erste Vorauswahl die wesentlichen Rahmenbedingungen mehrerer europäischer Staaten zusammenzustellen. Dieser greift dabei auf ein allgemeines Länder-Rating zurück. Die Eingangsdaten wurden bereits im Zusammenhang mit der SW-Gewichtungsregel aufgeführt (Kap. 4.4; Tab. 15). Bei einem intrakriteriellen Vergleich der einzelnen Indizes, es gibt insgesamt 18 Teilbereiche, entsteht beim Assistenten der Eindruck, dass die Länder Polen, Tschechien und Slowakei besonders gut geeignet sind. Nun will er als Ergebnis seiner Analyse die seiner Meinung nach wichtigsten Eigenschaften dieser vier

Länder und des Heimatstandorts seinem Vorgesetzten vorlegen. Aus Gründen der Übersichtlichkeit fasst er die Werte in einem Netzdiagramm zusammen (Abb. 10):

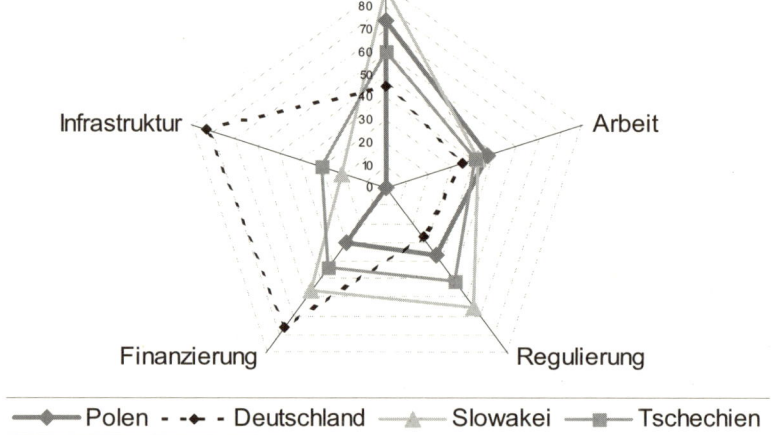

Abb. 10: Standortprofilanalyse mit dem Netzdiagramm

Das Netzdiagramm macht deutlich, dass große Unterschiede zwischen dem Heimatstandort und den drei osteuropäischen Ländern existieren: Deutschland besitzt zwar klare Vorteile in den Bereichen *Finanzierung* und *öffentliche Infrastruktur*, ist aber in den Dimensionen *Arbeitskosten, Steuern* und *Regulierung* unterlegen. Es fällt allerdings schwer, zu sagen, welches der osteuropäischen Länder insgesamt am besten abschneidet.

Anwendung   Der Vergleich von Standortprofilen stellt die einfachste Form einer numerischen Alternativenbeurteilung dar (ADAM 1993). Die Punktbewertung, also das Verwenden von Scores als Zahlenangaben für den Zielerreichungsgrad, ermöglicht eine prägnante, einheitliche Ausdrucksweise von Standortinformationen, was im Vergleich zu den oben beschriebenen rein sprachlichen Verfahren den Einfluss persönlicher Vorlieben oder Abneigungen erheblich verringert.

   Durch die bildhafte Aufbereitung der Zahlenwerte in Form von Problemlösungsprofilen wird den Entscheidungsträgern ein **geschlossener Eindruck über die einzelnen Eigenschaften eines Standorts** gegeben. Weil die Kriterien nicht zu einem einzelnen, möglicherweise schwer verständlichen abstrakten Gesamtwert verdichtet sind, bieten Profilmethoden einen höheren Informationsgehalt als kompensatorische Methoden wie etwa Nutzwertanalysen. Außerdem kann in vielen Fällen eine eingeschränkte Kompensation von Stärken und Schwächen sinnvoll sein, um einen ausgewogenen Standort einer überlegenen, aber sehr differenzierten Alternative vorzuziehen. Auch Ergebnisverzerrungen, die beim Gewichten vorkommen können, spielen bei der Profilmethode ebenso wenig eine Rolle wie die Probleme im Zusammenhang mit der Aggregation, von denen bereits in Kap. 3.4.3 die

Rede war und die bei allen kompensatorischen Methoden mehr oder weniger stark auftreten.

Auf der anderen Seite ist durch die unvollständige Aggregation der unmittelbare Beitrag zur Entscheidungsfindung bei Standortanalysen stark begrenzt. Zum einen wird eine eindeutige Handlungsempfehlung erschwert, weil nur ein intrakriterieller Alternativenvergleich auf qualitativer Basis erfolgt. Zum anderen ist die **Übersichtlichkeit** der Darstellung nur bei einer kleinen Zahl von Alternativen und Kriterien gegeben. Bei den komplexen Problemen der Standortplanung dient die Profilmethode daher vor allem als **Präsentationsmittel** zum Veranschaulichen von Ergebnissen, die mithilfe formaler Bewertungsinstrumente berechnet wurden. Auch eine abschließende Handlungsempfehlung, die sich aus dem Verhältniswert der Endergebnisse einer Standortanalyse und einer Investitionsrechnung beispielsweise in Form einer Kosten-Nutzen-Analyse ergibt, lässt sich durch ein Streudiagramm bzw. eine Portfoliomatrix gut verdeutlichen.

5.2.2 Nutzwertanalyse

Prinzip Eine kompensatorische Alternativenbewertung unter ausschließlicher Verwendung von Ratingskalen wird in der deutschsprachigen Literatur in Anlehnung an die Arbeit von ZANGEMEISTER (1973) üblicherweise als Nutzwertanalyse (**NWA**) bezeichnet (LILLICH 1992). Bei der NWA handelt es sich um kein genau definiertes oder theoretisch fundiertes Verfahren, sondern um eine Gruppe heuristischer Ansätze mit ähnlicher Vorgehensweise: In ihrem Grundmodell ist die NWA lediglich dadurch gekennzeichnet, dass **Ratingskalen sowohl zur Gewichtung als auch zur Bewertung** der Standortfaktoren herangezogen werden. Die genaue Ausgestaltung kann sich dagegen sowohl in prozeduralen als auch in instrumentellen Details unterscheiden. In der englischsprachigen Literatur werden für diese Verfahrensgruppe daher auch verschiedene Begriffe, wie etwa „Simple Additive Weighting Methods" oder „Weighted Linear Combinations" synonym verwendet (MALCZEWSKI 1999).

Verfahren Der gesamte Nutzwert (U) einer Alternative (j) berechnet sich aus der Multiplikation der Beurteilung des (Teil-)„Nutzens" (u) einer Kriterienausprägung (x) mit dem Gewicht (w) des jeweiligen Attributs (i) und der Summierung dieser Produkte über alle Merkmale: $U_j = \sum_{i=1}^{n} w_i \cdot u_i(x_{ij})$. Anhand der Nutzenwerte (U_j) können die Alternativen gereiht werden. Ausgewählt wird dann die Wahlmöglichkeit mit der höchsten Gesamtpunktzahl. Meist erfolgt die Einschätzung der Gewichte und Scores zwar auf einer absoluten Ratingskala, wie es bereits bei der Gewichtungsregel **Direct Rating** (Kap. 4.2.2) beschrieben wurde. Gestalt und Gebrauch der Ratingskalen lassen sich aber frei an die jeweilige Problemstellung anpassen. So können dabei aber genauso alle anderen im Zusammenhang mit der Gewichtung in Kap. 4 vorgestellten Regeln zum Einsatz kommen.

Weit verbreitet ist beispielsweise das sogenannte Rangreihenverfahren, in dessen Rahmen die Alternativen, ähnlich wie die Merkmale bei den rangfolgebasierenden Gewichtungsverfahren (Kap. 4.5) ordinal gereiht werden: Es

Rangreihenverfahren

muss lediglich festgestellt werden, welcher Standort ein Kriterium am besten, am zweitbesten etc. erfüllt. In einem zweiten Schritt werden die Alternativen entsprechend ihrer Platzierung bewertet: Wenn z.B. von drei Alternativen ein Standort bei einem Kriterium auf den ersten Platz gestellt wird,
bekommt er dafür drei Sterne o. Ä.; landet er dagegen auf dem dritten Platz,
gibt es nur einen Stern. Die Ergebnisse der einzelnen Rankings werden dann
in der Regel additiv für jede Option zu einem Gesamtwert zusammengefasst.

Variante Eine in der unternehmerischen Praxis verbreitete NWA-Va-
riante stellt das von KEPNER/TREGOE (1965) entwickelte und nach ihnen be-
nannte **KT-Bewertungsregel** dar (WILDEMANN 1989). Dabei handelt es sich
um ein geschlossenes Verfahren, das Alternativen nicht nur anhand von Zielen, sondern auch im Hinblick auf Anforderungen und Risiken bewertet.
Sämtliche Schritte erfolgen während einer Gruppensitzung (KEPNER/TREGOE
1976).

Definition der
Analyseparameter

Am Anfang legen die Sitzungsteilnehmer alle relevanten Untersuchungs-
größen fest. Dabei sind folgende drei Arten zu unterscheiden:
- **MUSTs** (Must-Haves): strategische Anforderungen, die eine Alternative
  unbedingt erreichen, beinhalten oder bieten muss
- **WANTs** (Want-to-Haves): operationale Ziele, welche die Alternativen erfüllen sollen
- **LIMITs**: nachteilige Beschränkungen bzw. Risiken, typischerweise Ressourcen wie Kosten oder Zeit, welche das Umsetzen einer Alternative einschränken oder behindern

Gewichtung

Dann bewertet jeder Teilnehmer die Ziele (**WANTs**) hinsichtlich ihrer Bedeutung im Vergleich zu den anderen Standorteigenschaften auf einer zehnstufigen (absoluten) Ratingskala von 1 *(niedrigste Bedeutung)* bis 10 *(höchste Bedeutung)*. Anschließend wird aus den Einzelwerten – möglicherweise
auf die nächstliegende Ganzzahl gerundet – der Gruppendurchschnittswert
berechnet. Auf der Grundlage dieser Mittelwerte wird dann das wichtigste
Kriterium ermittelt und erhält ein festes Gewicht von 10. Alle anderen Ziele
werden dann im Vergleich zu diesem Kriterium auf einer (relativen) Ratingskala von 1 *(nicht sehr wichtig)* bis 10 *(genauso wichtig)* erneut eingestuft.

Alternativen-
bewertung

Vor der Alternativenbewertung werden zunächst alle Alternativen ausgeschlossen, welche nach mehrheitlicher Ansicht der Sitzungsteilnehmer die
Anforderungen (**MUSTs**) nicht erfüllen. Um die verbleibenden Alternativen
zu beurteilen, werden diese der Reihe nach bezüglich aller Ziele (**WANTs**)
erst absolut und dann im Verhältnis zueinander betrachtet. Wie bei der Gewichtung wird dabei zuerst der Standort bestimmt, welcher nach Einschätzung der Sitzungsteilnehmer der Erfüllung des jeweiligen Ziels am nächsten
kommt. Dieser erhält einen Punktwert von 10, und die anderen Alternativen
werden auf einer Skala relativ zu ihm (mit Werten von 0 bis 10 = *gleich gut*)
eingestuft. Das Gesamturteil einer Problemlösung ergibt sich aus der gewichteten Summe aller Einzelwerte.

Risikokontrolle

Am Ende der Sitzung werden die Risiken (**LIMITs**) der Standorte berück-
sichtigt. Diese stuft man bezüglich ihrer Eintrittswahrscheinlichkeit (p) und
Schädlichkeit (s; severity) jeweils auf einer dreistufigen Ratingskala mit den
Kategorien *hoch, mittel* oder *niedrig* ein. Eine Addition dieser Werte ergibt

eine Einschätzung der möglichen Probleme (Adversity Rating) einer Alternative. Anhand der Gegenüberstellung der Scores und der Adversity Ratings wird eine Alternative gewählt. Dabei sollten noch für die Probleme der gewählten Alternative vorbeugende Maßnahmen bestimmt werden, um die Wahrscheinlichkeit ihres Eintretens zu vermindern.

Als Beispiel für die NWA nach der KT-Variante nehmen wir den Fall einer internationalen Einzelhandelskette, welche in Deutschland seinen ersten Flagship-Store eröffnen möchte. Seitens der Unternehmensführung werden hierfür drei Metropolen als mögliche Expansionsziele vorgegeben. Mit der Umsetzung der Standortwahl wird eine für die Expansionsplanung zuständige Abteilung betraut. Diese hat einen weltweit einheitlichen Ablauf nach dem KT-Schema definiert; auch die zu untersuchenden Standortfaktoren sind darin bereits festgelegt. Diesen Richtlinien entsprechend erfolgte eine Untersuchung an verschiedenen Standorten. Anschließend wurden der Unternehmensführung die Ergebnisse der Standorte, welche in ihrer Stadt jeweils überlegen waren, in einer standardisierten Übersicht (Adverse Consequences Worksheet) vorgestellt (Tab. 22):

Tab. 22: Nutzwertanalyse nach dem KT-Schema

		Standort A		Standort B		Standort C	
MUSTs		Anforderung erfüllt		Anforderung erfüllt		Anforderung erfüllt	
Mietpreis höchstens 200 Euro/m^2		ja		ja		ja	
Nutzfläche mindestens 1500 m^2		ja		ja		ja	
Anschluss an Breitbandkabelnetz		ja		ja		ja	
WANTs	Gewicht	Wert	Nutzen	Wert	Nutzen	Wert	Nutzen
Image	10	6	60	4	40	10	100
Passantenfrequenz	8	8	80	10	100	4	40
Umfeldattraktivität	6	3	30	6	60	10	100
regionale Wirtschaftskraft	5	10	100	6	60	2	20
Gesamtnutzen			270		260		260
LIMITs	Schaden	p	Risiko	p	Risiko	p	Risiko
veränderte Passantenströme	3	2	6	1	3	3	9
verminderte Umfeldattraktivität	2	2	4	3	6	3	6
verringerte Kaufkraft	1	3	3	2	2	3	3
verschärfter Wettbewerb	2	3	6	2	4	2	4
Gesamtrisiko			19		15		22
Ergebnis			251		245		238

Im Beispiel legen die Ergebnisse den Entscheidungsträgern nahe, Standort A zu wählen, der unter Nutzen-Risiko-Gesichtspunkten insgesamt am günstigsten abschneidet.

Anwendung   Aufgrund des unkomplizierten Gebrauchs – die Methodengruppe erfordert keine empirischen Eingangsdaten und nur einfache Rechenoperationen – sowie der flexiblen Gestaltungsmöglichkeiten erfreut sich die NWA in der Unternehmenspraxis großer Beliebtheit (YOON/HWANG 1995). Allerdings lässt sich Letzteres auch als **methodische Willkür** auffassen, was die Verständlichkeit der Ergebnisse einschränken kann. Zwischen der Simplizität der Analyse und der logisch-sachlichen Richtigkeit der erzielten Ergebnisse besteht jedoch ein grundsätzliches Dilemma (BRAUCHLIN/ HEENEN 1995; MALCZEWSKI 1999). Ein formales Problem wirft der Gebrauch von Ratingskalen insofern auf, als dass die Multiplikation von Gewichten und Scores aufgrund ihrer eher ordinalen Natur als Rechenoperation eigentlich unzulässig ist. Aus inhaltlicher Sicht ist zu bemängeln, dass der ausschließliche Gebrauch von Ratingskalen zur „**Scheingenauigkeit**" der Alternativenbewertung führt (CHANG/HUANG 2006). Aufgrund des großen Spielraums für subjektive Einflüsse ist, wie das Beispiel demonstriert hat, das Bilden von Arbeitsgruppen vorteilhaft. Das aktive Einbinden der Entscheidungsträger beim Gewichten und Bewerten kann die Akzeptanz der Untersuchungsergebnisse verbessern. Die Größe des Teams sollte von der Problemstellung abhängen; je anspruchsvoller und wichtiger eine Entscheidung ist, desto mehr Personen sollten sich beteiligen. Bei den komplexen Entscheidungsproblemen der Standortplanung ermöglicht eine NWA allerdings meist keine eindeutige Entscheidungsfindung. Ihr Einsatz eignet sich daher vor allem zur vorbereitenden **Grobselektion** von Alternativen, deren Untersuchung mithilfe formaler Verfahren zu vertiefen ist (FRETER 2006). Die Ergebnisse einer NWA sollten aus Transparenzgründen immer in einer Entscheidungsmatrix dargestellt werden und – besonders wenn die ermittelten Resultate nahe beieinander liegen – einer kritischen Kontrolle im Rahmen einer Sensitivitätsanalyse unterzogen werden (LILLICH 1992). Außerdem ist, wie im obigen Beispiel mit der KT-Regel vorgeführt, sowohl beim Gewichten als auch beim Bewerten statt absoluter Einschätzungen der Einsatz relativer Ratingskalen empfehlenswert.

6 Standorte formal-algorithmisch bewerten

Grobauswahl

Mit den anwendungsbezogenen und formalen Mängeln der herkömmlichen Nutzwertanalyse sowie der anderen Heuristiken haben sich Wissenschaftler aus diversen Disziplinen befasst und Lösungsvorschläge entwickelt. Die nachstehenden Abschnitte stellen **wissenschaftliche Ansätze** vor, die, einem bestimmten Rechenweg folgend, auf eine **formale Verwertung empirischer Eingangsdaten** abzielen. Dies dient dem Trennen von Sach- und Wertebene in der Standortanalyse und damit dem Herabsetzen unbewusster subjektiver Einflüsse auf die Entscheidungsfindung. Im Vergleich zu den zuvor dargestellten qualitativen Methoden ergibt sich beim Anwenden formaler Regeln insgesamt ein umgekehrtes Bild: Einerseits ermöglichen sie sowohl ein genaueres Erfassen der Eingangsdaten als auch eine verbesserte Transparenz bei der Informationsverarbeitung. Auf der anderen Seite ist ihr Einsatz mit gestiegenen Anforderungen an die Datengrundlage wie auch mit einem höheren Berechnungsaufwand verbunden.

6.1 Nicht kompensatorisches Bewerten

Vorauswahl

Dieses Kapitel stellt nicht kompensatorische Regeln **ohne vollständige Nutzenaggregation** vor, die sich bei Standortanalysen vor allem zur **Vorauswahl** von Alternativen anbieten. Hierfür eignen sich die ausgewählten Methoden besonders gut, weil sie keine vollständigen Angaben zu den Präferenzen der Entscheidungsträger oder zum Zielerreichungsgrad der Alternativen benötigen. Mit der Zielprogrammierung und den Idealpunktverfahren werden außerdem zwei multiobjektive Methoden beschrieben, deren Einsatz vorwiegend beim Entwickeln und Einschätzen standortbezogener Maßnahmen hilfreich ist.

Der Einsatz nicht kompensatorischer Regeln wird am Beispiel folgender Ergebnismatrix (Tab. 23) erläutert. Als Entscheidungsproblem wird angenommen, dass ein Wohnungsbauunternehmen ein Grundstück für die Projektentwicklung erwerben möchte. Dabei wurden sieben Standortalternativen anhand von acht Merkmalen begutachtet.

Tab. 23: Nicht kompensatorisches Bewerten – Ergebnismatrix

Alternativen	Kosten (Tsd. €)	Größe (m²)	Preis (€/m²)	B-Plan	GFZ	WE	U-Bahn	Lage
Standort A	1500	2000	750	√	0,75	24	nein	****
Standort B	1000	1333	750	√	1,00	21	ja	****
Standort C	2500	5000	500		1,25	100	ja	***
Standort D	2500	2500	1000	√	0,50	20	nein	*****
Standort E	1500	3000	500		1,00	48	nein	***
Standort F	2000	4000	500	√	0,75	85	ja	***
Standort G	2500	3333	750		0,50	27	nein	****

Neben absoluten Grundstückskosten *(Kosten)* und den relativen Kosten pro Quadratmeter *(Preis)* – beim nicht kompensatorischen Bewerten spielen Doppelzählungen keine verzerrende Rolle – liegen die Daten von sechs Gunstmerkmalen vor. Dabei werden die Grundstücksgröße *(Größe)*, der ÖPNV-Verkehrsanschluss (*U-Bahn:* Haltestelle in fußläufiger Reichweite) und die Qualität des Wohnumfelds (*Lage:* fünfstufige Skala aus Sekundärquelle) sowie das Baurecht betrachtet. Hierbei wurde geprüft, ob Rechtssicherheit besteht, weil ein Bebauungsplan *(B-Plan)* vorliegt, der die Geschossflächenzahl *(GFZ)* als Maß der zulässigen baulichen Nutzung vorgibt; andernfalls wird für Letzteres ein Schätzwert verwendet, der sich an der umgebenden Bebauung orientiert. Schließlich fließt noch eine Einschätzung über die Anzahl der nach Unternehmensstandards realisierbaren Wohneinheiten *(WE)* in die Untersuchung ein.

6.1.1 Dominanzanalyse

Dominanz, Begriff

Prinzip   Die erste Auswertungsmöglichkeit für eine erstellte Ergebnismatrix besteht darin, die Alternativen auf das Vorhandensein von Dominanz zu durchleuchten. Dominanz tritt auf, wenn eine Alternative im Vergleich mit einer anderen bei allen Kriterien mindestens genauso gut abschneidet und bei mindestens einem Kriterium besser ist. Umgekehrt wird eine Option durch eine andere dominiert, wenn sie bei keinem Kriterium besser, aber bei mindestens einem Kriterium schlechter abschneidet. Eine Dominanzanalyse kann drei Ergebnisse bringen, wie folgendes Beispiel mit drei Standortalternativen und zwei Standortfaktoren (x_1 und x_2), veranschaulicht (Abb. 11):

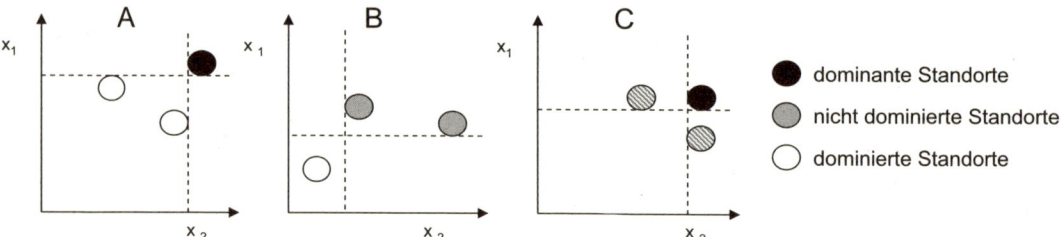

Abb. 11: Dominanzbeziehungen

- **Fall A: Absolute Dominanz** liegt vor, wenn eine Alternative einer anderen bei allen Kriterien überlegen ist. Das Diagramm stellt den Idealfall dar, bei der ein Standort in allen Kriterien allen anderen Alternativen überlegen ist, was eine eindeutige Handlungsempfehlung ermöglicht.
- **Fall B**: Hier ist der bei Standortentscheidungen wahrscheinlichste Fall dargestellt, bei der es **keine eindeutige Handlungsempfehlung** gibt. Die zwei nicht dominierten Alternativen sind jeweils bei einem Kriterium besser als alle anderen. Obwohl ein Standort insgesamt am besten abschneidet (er liegt weiter vom Ursprung entfernt), ist man zwischen den beiden nicht dominierten Optionen nach dem Dominanzprinzip indifferent. Es könnte zwar sein, dass der eine Standortfaktor viel wichtiger ist als der andere; eine Kompensation wird jedoch nicht ermöglicht. Die Dominanzprüfung war dennoch nicht ergebnislos: der dominierte Standort kann eliminiert werden.

- **Fall C: Zustandsdominanz** liegt für eine Alternative vor, wenn seine Werte gleich gut und bei mindestens einem Kriterium besser als bei der zweiten sind. Im Beispiel können die schraffierten Standorte aussortiert werden.

Verfahren   Dominanz stellt ein transitives Phänomen dar: Wenn Alternative A Option B dominiert und gleichzeitig bekannt ist, dass B ihrerseits Problemlösung C dominiert, dann muss dies zwangsläufig auch für A gegenüber C gelten. Bei n Alternativen sind somit höchstens $n \cdot (n-1)/2$ Vergleiche notwendig. HAMMOND et al. (1999) schlagen daher vor, die Entscheidungsmöglichkeiten paarweise zu vergleichen, um dominante Wahlmöglichkeiten zu identifizieren. Diejenige, welche einen **Paarvergleich** gewinnt, ist als „Favorit" beizubehalten und die unterlegene sofort zu streichen. Auch wenn sich beim Paarvergleich keine Dominanzbeziehung ergibt, wird am bisherigen Favoriten festgehalten. Die zweite Alternative wird dann zunächst zurückgestellt und für einen späteren Vergleich, möglicherweise mit einem anderen „Favoriten", wieder verwendet. Dieser Vorgang wird so lange fortgeführt, bis alle Möglichkeiten durchgegangen sind. Erweist sich dabei eine Problemlösung als eindeutiger Gewinner, so ist diese zu selektieren.

Dominanz, Beziehung

Im Beispiel soll die Ergebnismatrix (Tab. 23) auf Dominanzbeziehungen bezüglich der folgenden Kriterien untersucht werden: *Preis, B-Plan, GFZ, U-Bahn* und *Lage*. Zuerst werden die Standorte A und B miteinander verglichen. Alternative A ist bei *GFZ* und *U-Bahn* schlechter als B und bezüglich *Preis, B-Plan* und *Lage* gleichwertig. Damit wird klar: Option A ist von B dominiert und kann von weiteren Betrachtungen ausgeschlossen werden. Als Nächstes wird B mit C verglichen. Standort B ist zwar bei drei Merkmalen überlegen, steht aber beim *Preis* und der *GFZ* hinter C zurück. Beide Standorte sind daher nicht dominiert und werden vorerst beibehalten. Auf diese Weise werden die paarweisen Vergleiche fortgesetzt. In der folgenden Darstellung sind alle ermittelten Dominanzbeziehungen durch Pfeile kenntlich gemacht (Abb. 12):

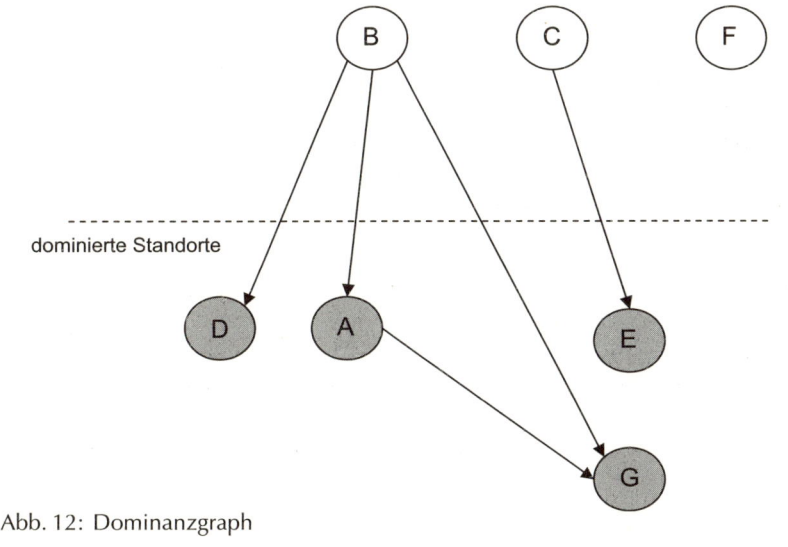

Abb. 12: Dominanzgraph

> Weil sich keine Pfeile auf B, C und F richten, sind diese als nicht dominierte Alternativen erkennbar. Die grau markierten Entscheidungsmöglichkeiten A, D, E und G können dagegen ausgeschlossen werden. Ohne zusätzliche Informationen müsste ein Entscheidungsträger unter den verbliebenen Standorten zufällig auswählen.

Anwendung Wenn zuverlässige empirische Eingangsdaten vorliegen, sollte man die Ergebnismatrix immer zur Dominanzprüfung nutzen: Eine Standortanalyse nach dem Dominanzprinzip führt zu **logisch klaren Aussagen**, in denen auf Werturteile weitgehend verzichtet wird. Die ideale Alternative bringt die besten Ergebnisse bei allen Kriterien und, falls man verschiedene Umweltzustände (Kap. 3.5.2) einbezieht, gleichzeitig das geringste Risiko. Weil sich die meisten Standortentscheidungen aber durch das Zusammenspiel einer großen Menge sowohl an relevanten Kriterien als auch an möglichen Alternativen auszeichnen, ist es jedoch unwahrscheinlich, dass eine einzelne Alternative alle anderen dominiert (YOON/HWANG 1995). Meist bleiben so viele nicht dominierte Alternativen übrig, dass weitere Schritte zur Entscheidungsfindung erforderlich sind. Der praktische Nutzen der Dominanzanalyse bei Standortproblemen richtet sich infolgedessen in erster Linie auf die Vorauswahl, um im Rahmen einer schnellen Prüfung (Quick Scan) die Anzahl von Auswahlmöglichkeiten frühzeitig einzuschränken.

Quick Scan

6.1.2 Quantitative Prüflisten

Prinzip Um im Rahmen der Vorauswahl ungeeignete Alternativen gezielt auszusieben, bieten sich Regeln an, die sich auf das **Variieren von Anforderungsniveaus** beziehen (HWANG/YOON 1981). Im Gegensatz zur qualitativen Prüfliste erfordert das sukzessive Abändern der Anforderungen allerdings das Vorliegen einer Ergebnismatrix, sodass die empirischen Eingangsdaten über die Ausprägungen aller Standortfaktoren bekannt sind.

Verfahren Als Erstes werden für die einzelnen Merkmale Mindestanforderungen bestimmt (Kap. 3.2.4). Standorte, welche diese Vorgaben unterschreiten, scheiden von weiteren Planungsüberlegungen aus. Durch schrittweises Verschärfen der Schwellenwerte lässt sich die Anzahl der übrig bleibenden Alternativen so lange verkleinern, bis nur noch eine einzelne Wahlmöglichkeit bleibt. Dabei können zwei Varianten unterschieden werden.

Disjunktiver Ansatz

Beim disjunktiven Ansatz wird jeweils nur ein einzelnes Merkmal betrachtet, um diejenigen Alternativen zu eliminieren, welche die Mindestanforderung nicht erfüllen. Will man die Alternativenzahl weiter verringern, kann man ein anderes Merkmal verwenden. Das lässt sich so lange wiederholen, bis alle Merkmale durch sind. Anschließend kann die Analyse mit verschärften Anforderungen wieder von vorne beginnen.

In unserem Beispiel wird obige Ergebnismatrix (Tab. 23) für einen schrittweisen Ausschluss genutzt. Als Erstes beschließt das Wohnungsunternehmen, nur solche Optionen in Erwägung zu ziehen, deren Lage mindestens als *gut* (= vier Sterne) eingestuft ist (Tab. 24):

Tab. 24: Quantitative Prüflisten – disjunktives Ausschlussverfahren

	1. Anforderung	2. Anforderung	3. Anforderung
	Lage: ****	B-Plan: √	U-Bahn: ja
Standort A	√	√	Ausschluss
Standort B	√	√	√
Standort C	Ausschluss		
Standort D	√	√	Ausschluss
Standort E	Ausschluss		
Standort F	Ausschluss		
Standort G	√	Ausschluss	

Somit werden die Standorte C, E und F verworfen. Dann werden alle Grundstücke ausgeschlossen, bei denen kein Bebauungsplan vorliegt. Dies betrifft nur Standort G. Als Nächstes sollen alle Standorte ohne U-Bahn-Anschluss ausgelesen werden. Damit bleibt nur noch Standort B übrig und wird gewählt. Hierbei ist allerdings zu beachten, dass Standort D, der die beste Lage aufweist, wegen eines unwichtigeren Merkmals ausgeschlossen wurde. Eine Möglichkeit zur besseren Berücksichtigung dieses grundsätzlichen Problems beim Gebrauch kompensatorischer Bewertungsregeln zeigt der nächste Abschnitt (Kap. 6.1.3).

Variante Eine weiterer Ansatz besteht darin, für mehrere Kriterien ein bestimmtes Anforderungsniveau zu formulieren, um – ähnlich wie bei qualitativen Prüflisten – die Wahlmöglichkeiten bezüglich aller Anforderungen gleichzeitig zu überprüfen und dann von einer Häufigkeitszählung Gebrauch zu machen. Bei dieser **konjunktiven Methode** werden somit diejenigen Alternativen eliminiert, bei denen negative Ausprägungen gehäuft auftreten. Im weiteren Schritten kann man die Anforderungen erhöhen.

Konjunktiver Ansatz

In diesem Beispiel legen die Entscheidungsträger folgende Anforderungen fest: *Kosten unter 200 000 €, Bebauungsplan vorhanden, GFZ mindestens 0,75, U-Bahn vorhanden* und *Lage gut*. Ein akzeptabler Standort sollte mindestens drei Kriterienausprägungen erfüllen. Dies führt zu folgenden Ergebnissen (Tab. 25):

Tab. 25: Quantitative Prüflisten – konjunktives Ausschlussverfahren

Alternativen	Preis	B-Plan	GFZ	U-Bahn	Lage	gesamt
Standort A	√	√	√		√	4
Standort B	√	√	√	√	√	5

Standort C			√	√		2
Standort D		√			√	2
Standort E	√		√			2
Standort F		√	√	√		3
Standort G					√	1

Die Entscheidungsmöglichkeiten A, B und F erfüllen drei Kriterien und werden als akzeptabel erachtet. Ein weiteres Anheben der Anforderungsniveaus ist aber nicht erforderlich: Als Handlungsempfehlung wird die Wahl von Standort B vorgeschlagen, weil er als einzige Investitionsoption alle betrachteten Ausprägungen erfüllt.

Anwendung   Ein wesentlicher Vorzug quantitativer Prüflisten besteht darin, dass sie eindeutige Ergebnisse auf der Basis objektiver Eingangsdaten der Ergebnismatrix ermöglichen, ohne dass zeitraubende Paarvergleiche anfallen. Weil jedoch lediglich Richt- und nicht darüber hinausgehende Höchstwerte der Zielerreichung betrachtet werden, können auch die Verfahren **nur eine zufriedenstellende anstatt einer bestmöglichen Problemlösung** herbeiführen (YOON/HWANG 1995). Dies gilt besonders bei der disjunktiven Methode, welche außerdem immer nur einen Teil – es wird stets nur ein Merkmal betrachtet – der verfügbaren Informationen nutzt. Im Extremfall könnte ein Standort eine (unwichtige) Anforderung (knapp) verfehlen und somit ausgeschlossen werden, obwohl er hinsichtlich aller anderen Merkmale den anderen Auswahlmöglichkeiten (deutlich) überlegen ist. Auf der anderen Seite kann es von Vorteil sein, dass die Messdaten immer nur merkmalsweise benötigt werden: wenn die Ergebnismatrix nicht vollständig vorliegt und eine unabhängiges Erheben der einzelnen Merkmalsdaten möglich ist. Ein weiterer allgemeiner Einwand gegen die alleinige Entscheidungsfindung auf der Grundlage von Anforderungen richtet sich darauf, dass zwar das Auswerten ohne Werturteile erfolgt, das **subjektive Festlegen und Verändern von Restriktionen und Anspruchsniveaus** an sich stellt jedoch keineswegs einen formalisierten Prozess mit überprüfbarer Rationalität dar: Der Gebrauch quantitativer Prüflisten ist daher hauptsächlich unter der Voraussetzung sinnvoll, dass von den Entscheidungsträgern direkt vorgegebene Mindestanforderungen bezüglich der Zielerreichung bestehen und darüber hinausgehende Ergebnisse als nebensächlich angesehen werden können (BAMBERG/COENENBERG 2004). Außerdem sollte die Präferenzrelation, d.h. der grundlegende Zusammenhang zwischen Messwerten und Nutzen klar sein. Im Rahmen von Standortanalysen eignet sich somit ihr Einsatz vor allem in einer Vorstudie, um die **Alternativenzahl gezielt auf den nächsten Untersuchungsschritt anzupassen**.

Alternativen-
ausschluss

6.1.3 Lexikographische Methode

Prinzip In der Literatur findet sich eine große Menge an Regeln bezüglich der Auswahl von Alternativeneigenschaften für einen stufenweisen Alternativenausschluss (Dombi et al. 2007). Wenn beispielsweise möglichst viele Entscheidungsmöglichkeiten auf einmal ausgeschlossen werden sollen, wählt man immer das Kriterium, von dem man erwartet, dass es die meisten der verbleibenden Optionen nicht erfüllen (Elimination by Aspects). Die bekannteste Regel dieser Verfahrensgruppe stellt jedoch die in Anlehnung an die Anordnung von Wörtern in einem Lexikon als „lexikographisch" bezeichnete Methode von Tversky (1972a, 1972b) und Fishburn (1974) dar, bei der sich die **Reihenfolge der Merkmalsbetrachtung nach ihrer Relevanz** richtet.

Elimination by Aspects

Verfahren Bei der lexikographischen Methode werden zuerst die Bewertungskriterien hinsichtlich ihrer Bedeutung in eine Rangordnung gebracht. Sofern vorhanden, kann man dabei auf Gewichtungsergebnisse zurückgreifen. Das Begutachten der Alternativen erfolgt dann entsprechend dieser Reihenfolge. Zunächst werden sie nur anhand des wichtigsten Attributs betrachtet. Kommt es auf dieser Basis zu keinem eindeutigen Ergebnis, weil zwei oder mehrere Problemlösungen den gleichen Erfüllungsgrad aufweisen, werden diese bezüglich des nächst wichtigsten Kriteriums bewertet. Dieser Vorgang wird so lange fortgeführt, bis eine einzelne Option übrig bleibt oder alle Kriterien betrachtet wurden.

Rangordnung

In unserem Beispiel mit der obigen Ergebnismatrix (Tab. 23) einigen sich die Entscheidungsträger darauf, die Analyse mit dem Kostenmerkmal *Preis* zu beginnen (Tab. 26).

Tab. 26: Bewerten mit der lexikographischen Methode

Alternativen	Preis	Lage	WE
Standort A	750	Ausschluss	
Standort B	750	Ausschluss	
Standort C	**500**	∗∗∗	**100**
Standort D	1 000	Ausschluss	
Standort E	500	∗∗∗	48
Standort F	500	∗∗∗	85
Standort G	750	Ausschluss	

Damit bleiben die drei Standorte C, E und F übrig. Diese sollen nun anhand des wichtigsten Nutzenkriteriums *Lage* beurteilt werden. Weil hier alle Investitionsziele den gleichen Wert erreichen, wird die Analyse mit dem Kriterium *Wohneinheiten (WE)* fortgesetzt. Hier ist Standort C überlegen und wird somit gewählt.

Vorauswahl   **Anwendung**   Im Gegensatz zur Dominanzanalyse und den Prüflisten strebt die lexikographische Methode eine maximierende statt einer lediglich satisfizierenden Problemlösung an. Deshalb begutachtet sie **nicht das Erfüllen von Mindestanforderungen, sondern die Höchstwerte der Merkmalsausprägungen**. Der anwendungsbezogene Hauptvorteil gegenüber kompensatorischen Methoden besteht darin, dass unnötiger Aufwand beim Datenerheben vermieden wird, weil die Analyse schrittweise ausgeweitet wird und im Optimalfall bereits nach einem Kriterium abgeschlossen sein kann. Außerdem entfallen die Arbeitsschritte für das Scoring, Gewichten und Aggregieren. Daher werden auch nur ordinale Messdaten für die einzelnen Kriterien vorausgesetzt. Auf der anderen Seite besteht die Gefahr einer Fehlentscheidung. Sie ist zwar gegenüber der Dominanzanalyse und den Prüflisten verringert, trotzdem kann es vorkommen, dass eine Entscheidungsoption gewählt wird, die bezüglich des wichtigsten Kriteriums geringfügig überlegen, bei allen anderen Eigenschaften aber erheblich unterlegen ist. Die lexikographische Methode ist aus diesem Grund ebenfalls in erster Linie in den **vorgelagerten Phasen der Standortanalyse** einzusetzen. Dies ist vor allem dann sinnvoll, wenn nur wenige Standorteigenschaften eine Rolle spielen und das Gefälle in ihrer Wichtigkeit stark ausgeprägt ist. Mindestvoraussetzung sollte in jedem Fall sein, dass bei den Entscheidungsträgern Einigkeit über den Nutzenzusammenhang der Merkmale und darüber hinaus auch bezüglich der Reihenfolge der zu betrachtenden Ausschlusskriterien herrscht.

6.2 Risikoneigungsorientierte Methoden

Prinzip   Ansätze zum Umgang mit den Risiken von Standortentscheidungen wurden bereits im Rahmen der Ergebniskontrolle (Kap. 3.5) behandelt. Darüber hinaus bieten sich nicht kompensatorische Methoden an, welche die **Risikoeinstellung der Entscheidungsträger direkt bei der Alternativen-** Risikoneigung **bewertung einfließen** lassen. Der Einsatz solcher Instrumente setzt deswegen neben den (empirischen) Eingangsdaten über die Alternativen außerdem Vorgaben der Entscheidungsträger bezüglich **ihrer Risikobereitschaft** voraus.

Verfahren   Die Verfahrensweise dieser Methodengruppe soll anhand des folgenden Beispiels erläutert werden: Ein Entscheidungsträger muss zwischen zwei Investitionsobjekten wählen. Standort A_1 bringt einen sicheren Ertrag von 250. Standort A_2 verspricht dagegen entweder mit einer Wahrscheinlichkeit (p) von 25 % einen höheren Ertrag von 1000 oder aber einen Ertragsausfall mit einer Wahrscheinlichkeit (p) von $1 - 0{,}25 = 75\,\%$. Der **Erwartungswert** einer Entscheidungsmöglichkeit ergibt sich, wie bereits bei der Szenarioanalyse (Kap. 3.5.2) beschrieben, aus der Summe der mit ihren Eintrittswahrscheinlichkeiten gewichteten Ergebnissen, die man bei einer bestimmten Umweltsituation für wahrscheinlich hält. Im Beispiel beträgt der Erwartungswert von Standort A_2 somit $(0{,}25 \cdot 1000) + (0{,}75 \cdot 0) = 250$. Das Verhalten eines Entscheidungsträgers gegenüber Risiken kann sich durch drei Interpretationsweisen des Erwartungswerts auszeichnen (FELDE-

RER/HOMBURG 1985). Die einzelnen Regeln spiegeln die jeweilige **Risikoeinstellung der Entscheidungsträger** wider.

Laplace-Regel

Im ersten Fall nimmt man eine **indifferente Einstellung** der Entscheidungsträger gegenüber dem Risiko an. Wenn das Risiko für die Entscheidungsträger nicht im Vordergrund steht, oder ihre Einstellung unbekannt ist, sollte es auch bei der Alternativenbewertung nicht ausschlaggebend sein. Im letzteren Fall empfiehlt es sich, bei der Ergebniskontrolle eine Szenarioanalyse durchzuführen und die berechneten Erwartungswerte nach der Laplace-Regel zu interpretieren (Kap. 3.5.2). Im obigen Beispiel wäre ein risikoneutraler Entscheidungsträger gegenüber den beiden Alternativen gleichgültig, weil das sichere Ergebnis von A_1 dem Erwartungswert von A_2 entspricht.

Maximax-Regel

Im zweiten Fall geht man davon aus, dass für jede Alternative die bestmögliche Datensituation eintrifft. Einer solchen optimistischen, **risikobereiten Einstellung** kann beim Standortbewerten Rechnung getragen werden, indem man die **Maximax-Regel** (**maxi**miere die **Max**imalwerte; auch Hazard-Regel) einsetzt. Demnach wählt man die Alternative, welche von allen Wahlmöglichkeiten den **höchsten Bestwert** aufweist. Im Beispiel entschlösse sich ein optimistischer Entscheidungsträger für Standort A_2, weil dieser das größere Potenzial aufweist.

Maximin-Regel

Im dritten Fall wird unterstellt, dass für jede Alternative die schlechteste Datensituation eintrifft. Somit wird eine äußerst **risikoscheue Entscheidungshaltung** ausgedrückt, bei der das Einschränken möglicher Gefahren im Mittelpunkt steht. Wenn die Entscheidungsträger sich so pessimistisch verhalten, kann die sogenannte **Maximin-Regel** (**maxi**miere die **Min**imalwerte, auch Wald-Regel) herangezogen werden. Dabei werden die Problemlösungen im Hinblick auf ihren jeweils schlechtesten Zielerreichungsgrad betrachtet, um diejenige Option zu wählen, welche den **höchsten Minimalwert** aufweist. Im Beispiel oben suchte ein pessimistischer Entscheidungsträger Standort A_1 aus, weil er dem sicheren Ergebnis einen höheren Nutzen beimisst als dem Erwartungswert: Er geht davon aus, dass Alternative A_2 zu einem Ertragsausfall führt.

Hurwicz-Regel

Die sogenannte **Hurwicz-Regel** ermöglicht einen **Kompromiss** zwischen den beiden vorausgehenden Regeln, indem sie die Alternativen anhand der **gewichteten Summe ihrer Extremwerte** beurteilt. Die Maximalwerte werden dabei mit dem sogenannten **Optimismusparameter** (λ, Lambda) multipliziert, der zwischen 0 und 1 liegt, und die Minimalwerte mit dem Restbetrag $(1 - \lambda)$, der in der Summe mit λ einen Wert von 1 ergibt. Je größer λ ausfällt, umso optimistischer ist die Grundeinstellung: Ein Wert von $\lambda = 1$ entspräche der Maximax-Regel, bei $\lambda = 0$ läge die Maximin-Regel vor. Ein Wert von $\lambda = 0,6$ bedeutet etwa, dass der Eintritt des Maximalwerts mit einer Wahrscheinlichkeit von 60 % erwartet wird und der Minimalwert den entsprechenden Restbetrag $(1 - 0,6)$ erhält. Im Beispiel würde bei dieser Einstellung Standort A_2 einen Wert von $(0,6 \cdot 1000) + (0,4 \cdot 0) = 600$ erreichen.

Das Berücksichtigen der Risikoneigung erfordert normierte Eingangsdaten, weil die Werte verschiedener Merkmale miteinander verglichen werden. Aufgrund dessen sind die Merkmalswerte der Ergebnismatrix (Tab. 23) auf eine ordinal gerichtete Skala – d. h. *je mehr desto besser* – mit Nutzenwerten von 0 bis 100 übertragen worden, sodass sich folgende Entscheidungsmatrix ergibt (Tab. 27):

Tab. 27: Bewerten mit risikoneigungsorientierten Methoden

Alternativen	Kriterien					Gesamtwerte			
	Preis	Größe	GFZ	WE	Lage	Maxi-min	Maxi-max	Hur-wicz $\lambda = 0,7$	Hur-wicz $\lambda = 0,3$
Standort A	47,1	33,3	16,7	**22,4**	**75,0**	16,7	75,0	57,5	34,2
Standort B	47,1	**18,5**	25,9	19,0	**75,0**	**18,5**	75,0	58,1	35,5
Standort C	**17,6**	**100,0**	35,2	**100,0**	50,0	17,6	**100,0**	**75,3**	**42,3**
Standort D	76,5	50,0	**7,4**	18,3	**100,0**	7,4	**100,0**	72,2	35,2
Standort E	**17,6**	**55,6**	25,9	46,9	50,0	17,6	55,6	44	29,0
Standort F	17,6	77,8	**16,7**	**84,7**	50,0	16,7	77,8	59,5	35,0
Standort G	47,1	63,0	**7,4**	25,5	**75,0**	7,4	75,0	54,7	27,7

Beim Maximin-Verfahren werden die Zeilenminima ermittelt und miteinander verglichen. Demnach wäre Standort B zu wählen, weil sein Minimalwert – mit einem Zielerreichungsgrad von 18,5 % beim Merkmal *Größe* – am höchsten ist. Die Maximax-Methode führt dagegen zu keinem eindeutigen Ergebnis, weil die Standorte C und D beide denselben Höchstwert von 100 % aufweisen: Standort C beim Merkmal *Größe* und D bei der *Lage*. Kombiniert man beide Methoden nacheinander, erst Maximax und dann Maximin, führt dies zur Wahl von Standort C, weil er beim Maximin-Verfahren Standort D überlegen ist. Das gleichzeitige Berücksichtigen beider Extremwerte mit der Hurwicz-Regel würde sowohl bei optimistischer ($\lambda = 0,7$) als auch bei pessimistischer ($\lambda = 0,3$) Einschätzung ebenfalls Standort C bevorzugen.

Anwendung Risikoneigungsorientierte Methoden folgen dem Grundsatz, die **Problemlösung nur anhand extremer Ausprägungen zu selektieren**. So wird beim (risikomeidenden) Maximin-Verfahren die Zielerreichung der Alternativen und umgekehrt beim (risikofreudigen) Maximax-Verfahren das Erfüllen von Mindestanforderungen ignoriert. Auch bei der Hurwicz-Regel werden nur Extremwerte betrachtet. Einem Einsatz in der Standortanalyse sollte daher bereits das Prüfen von Mindestanforderungen vorausgegangen sein, zumal risikoneigungsorientierte Regeln bereits ein Scoring erfordern. Eine alleinige Anwendung zur Entscheidungsfindung ist lediglich in Fällen gerechtfertigt, bei denen die **Entscheidungsträger eine stark pessimistische oder stark optimistische Risikoeinstellung vorgeben**. Davon abgesehen bietet sich ein Einsatz in erster Linie zur Interpretation von Erwartungswerten im Rahmen von Szenarioanalysen an, bei der dann statt Kriterienwerten die Alternativengesamtwerte der Extremszenarien gewichtet werden. Dies gilt vor allem für die Hurwicz-Regel.

Risikonutzenfunktion Die bisher beschriebenen Kriterienbewertungen basieren auf risikounabhängigen, nur die Höhenpräferenz abbildenden Nutzenfunktionen, d. h., der Zielerreichungsgrad eines Merkmals hängt nur von dessen Ausprägung ab. Eine andere Möglichkeit zum Berücksichtigen der Risikoeinstellung besteht darin, diese unmittelbar in die Nutzenfunktionen einzubeziehen. Hierfür wird nach dem **Bernoulli-Prinzip** (auch Erwartungsnutzentheorie) von Neumann/Morgenstern (1944) eine die Risikopräferenz einschließende **Risikonutzenfunktion** ermittelt, sodass der „erwartete" Nutzen als Beurteilungsmaß dient.

6.3 Mehrzielmethoden

Auf Grundlage eines Zielsystems lässt sich eine ideale Problemlösung schaffen, welche bei jedem Kriterium die optimal denkbare, oder – wenn empirische Daten vorliegen – die beste gemessene Ausprägung aufweist (Trianta-phyllou 2000). Dies bildet den Ausgangspunkt für die multiobjektive Verfahrensgruppe der Analog(-ie)- oder Idealpunktmodelle, die auf der Vorstellung beruhen, dass Entscheidungsträger – gewollt oder unbewusst – immer versuchen, einer gedanklichen oder bereits bekannten realen Musterlösung so nahe wie möglich zu kommen (Yoon/Hwang 1995). Die einzelnen Regeln unterscheiden sich erstens darin, wie sie die Musterlösung definieren und zweitens wie sie deren Abstand zu den realen Entscheidungsmöglichkeiten messen.

Multiobjektive Verfahren

6.3.1 Zielprogrammierung

Prinzip Innerhalb der multiobjektiven Methodengruppe kommt der von Lee (1972) und Lee/Moore (1975) entwickelten Zielprogrammierung (**G**oal-**P**rogramming, **GP**) die größte praktische Bedeutung zu (Weber 1993). Das Alternativenbewerten bei der Zielprogrammierung richtet sich nicht auf die Erreichung von Extremierungszielen, sondern auf das **Erfüllen vorgegebener Werte** (Approximierungs- und Fixierungsziele).

GP-Regel

   Verfahren Deshalb wird **für jedes Bewertungskriterium eine anzustrebende Ausprägung vorgegeben**. Jedes Abweichen davon wird als negativ beurteilt, sodass die Nutzenfunktionen in umgekehrter Richtung zum Abstand verlaufen. Die Gesamteinschätzung (Φ) einer Alternative (a_j) stellt somit die Summe seiner Zielabweichungen dar. Formal ausgedrückt ergibt sich daraus die Bewertungsregel $\Phi(a_j) = \sum_{i=1}^{n} |x_i^* - x_{ij}|$, wobei x_{ij} die tatsächliche Ausprägung des Merkmals i angibt und x_i^* den gewünschten Zustand von i repräsentiert. Als Handlungsempfehlung geht der Standort hervor, welcher **den Zielvorgaben der Entscheidungsträger insgesamt am nächsten kommt**. Bei diesem ist die Summe der Abweichungen von den vorgegebenen Werten minimal. Dabei spielt es keine Rolle, ob es sich um Über- oder Unterschreitungen handelt. Bedeutungsunterschiede der einzelnen Ziele lassen sich durch Gewichte berücksichtigen.

Ein Unternehmen, das Offshore-Windparkanlagen betreibt, untersucht im Rahmen seiner Expansionsplanung zwei potenzielle Investitionsstandorte in der Nordsee. Dabei sollen die wirtschaftlichen und technischen Voraussetzungen zum Nutzen der Windenergie anhand von fünf grundlegenden Aspekten beleuchtet werden: *Windstärke* (k_1; in m/sek), *Meerestiefe* (k_2; in m), *Meeresbewegung* (k_3), *Abstand zur nächsten Schifffahrtsstraße* (k_4; in km) und *Abstand zur Küste* (k_5; in km). Für jedes Kriterium wurde eine optimale Ausprägung definiert. Ein Abweichen würde entweder die Energieerzeugung beeinträchtigen oder zu erhöhten Inbetriebnahme- oder Wartungskosten führen. Die erzeugte Energie der Windanlage soll beispielsweise möglichst nahe bei *5 Megawatt* liegen. Die *Windgeschwindigkeit* (k_1) sollte daher im *Jahresdurchschnitt* mindestens *4,5 m/s* betragen. Ab *7 m/s* wäre aber eine weitere Zunahme bedeutungslos, weil eine höhere Kabelleistung nicht möglich ist. Beim Kriterium *Küste* (k_5) wird die optimale *Entfernung zum Festland* bei *2 km* gesehen. Ein kleinerer Abstand kann zu rechtlichen Problemen führen, während bei größeren Distanzen die Errichtung und Wartung teurer wird, wobei der Kostenanstieg stetig abnimmt. Beim Kriterium *Meeresbewegung* (k_3) wird ein aggregierter Score verwendet, der sich aus Einzelbewertungen von Unterkriterien wie *Wellengang, Strömungen* und *Gezeiten* ergibt. Dementsprechend wurden Nutzenfunktionen definiert. Folgende Scoring-Tabelle hält das Zuordnen der normierten Werte auf die Ausprägungen der einzelnen Zielkriterien fest (Tab. 28):

Tab. 28: Zielprogrammierung – Scoring-Tabelle

Scores	Wind (k_1)	Tiefe (k_2)	Meer (k_3)	Abstand (k_4)	Küste (k_5)
0	höchstens 4,75	mehr als 50	0	kein Abstand	unter 2
1	4,76 bis 5,00	40 bis 50	1	mehr als 50	mehr als 150
2	5,01 bis 5,25	35 bis 40	2	25 bis 50	100 bis 150
3	5,26 bis 5,50	30 bis 35	3	15 bis 25	**60 bis 100**
4	5,51 bis 5,75	25 bis 30	**4**	10 bis 15	40 bis 60
5	5,76 bis 6,00	20 bis 25	5	7,5 bis 10	*25 bis 40*
6	6,01 bis 6,25	*15 bis 20*	6	*5 bis 7,5*	15 bis 25
7	*6,26 bis 6,50*	10 bis 15	7	3 bis 5	10 bis 15
8	**6,51 bis 6,75**	5 bis 10	8	**2 bis 3**	5 bis 10
9	6,76 bis 7,00	**1 bis 5**	9	1 bis 2	3 bis 5
10	mehr als 7,00	weniger als 1	10	weniger als 1	2 bis 3

Die gewünschten Merkmalsausprägungen (u_{ip}) sind in der untersten Zeile angegeben. Die fett markierten Einträge stehen beispielhaft für die Ausprägungen von Standort A; die kursiven für Standort B. In der Entscheidungsmatrix werden für alle Wertebereiche ihre normierten Abstände von der optimalen Ausprägung (10) eingetragen. Standort A erreicht z.B. bei *Wind* einen Wert von $u_1 = 8$. Daraus folgt ein Abstand von $k_1 = 10 - 8 = 2$. Folgende Entscheidungsmatrix fasst alle normierten Abstandswerte zusammen (Tab. 29):

Tab. 29: Bewerten mit Zielprogrammierung

	k_1	k_2	k_3	k_4	k_5	Summe
Standort A	2	1	6	2	7	18
Standort B	3	4	3	4	5	19

Die minimale Zeilensumme der Entscheidungsmatrix gibt das zu bevorzugende Investitionsobjekt an. Im Beispiel wäre Standort A für das Errichten einer Windkraftanlage zu bevorzugen, weil er mit einem Wert von 18 insgesamt die geringere Abweichung von den Vorgaben aufweist.

6.3.2 Idealpunktmethode

Prinzip Bei der von HWANG/YOON (1981) entwickelten Variante der Ideal-punktmethode – auch als **TOPSIS** (**T**echnique for **O**rder **P**reference by **S**imilarity to **I**deal **S**olution) bezeichnet – wird **neben einer ideellen Musterlösung**, die sich aus der Kombination der optimalen Ausprägungen aller Merkmale herleitet, zusätzlich **ihr negatives Gegenteil definiert** (YOON/HWANG 1995). Ein Beispiel für den Gebrauch in der betrieblichen Standortplanung zeigt CHU (2002).

TOPSIS-Regel

Verfahren In Zahlenform errechnet sich die positive Ideallösung A^* aus $A^* = (x_1^*, ..., x_n^*)$ mit $x = 1, ..., n$, wobei x_i^* den besten Wert des Merkmals i verkörpert, der über alle betrachteten Alternativen hinweg erreicht wird. Die negative Ideallösung A^- resultiert analog aus $A^- = (x_1^-, ..., x_n^-)$ mit $x = 1, ..., n$, wobei x_i^- den schlechtesten Wert des Merkmals i darstellt. Es ist die Alternative zu wählen, welche die **kürzeste Distanz zur positiven Ideallösung und gleichzeitig den größten Abstand zur negativen Ideallösung** aufweist.

Positive und negative Ideallösung

Folgendes Streudiagramm (Abb. 13) zeigt zur Veranschaulichung der Entscheidungsfindung mit TOPSIS die Attraktivität von sechs Standortalternativen ($A_1, A_2, ..., A_6$) bezüglich zweier Standortfaktoren (x_1, x_2).

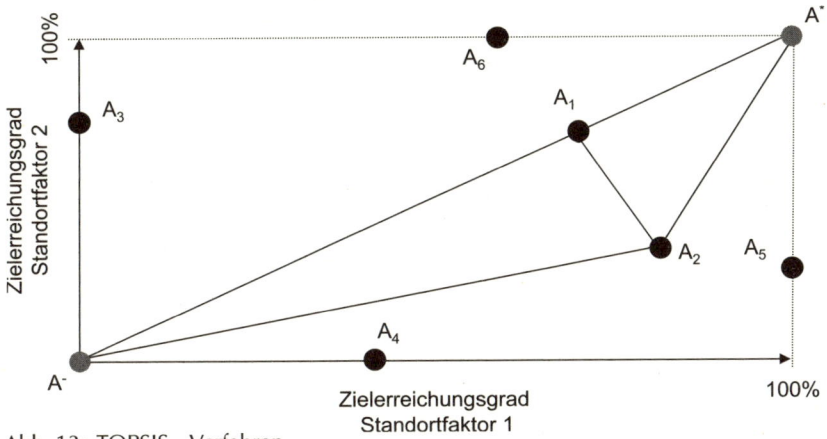

Abb. 13: TOPSIS – Verfahren

Im Streudiagramm sind die zwei Standortfaktoren als Gunstkriterien erfasst, d. h., je weiter ein Standort vom Ursprung entfernt liegt, desto besser. Der Ursprung entspricht dem negativen Idealstandort A^-, welcher die niedrigsten Scores aller Alternativen aufweist (in diesem Fall jeweils 0: A_3 bei x_1 und A_4 bei x_2). Der am weitesten vom Ursprung entfernte Standort ist der positive Idealstandort A^* mit den besten Scores (im Beispiel wurden von A_5 bei x_1 und A_6 bei x_2 jeweils 100% erreicht). Die als **Separation** (S) bezeichnete Zielabweichung einer Alternative A_i (mit i = 1, ..., n) zur positiven Ideallösung A^* ergibt sich aus den entsprechenden Abständen der Teilnutzen (u) aller m Kriterien (mit j = 1, ..., m): $S_i^* = \sqrt{\sum_{j=1}^{n} \left(u_{ij} - u_j^*\right)^2}$. Die Distanz zur negativen Ideallösung folgt dementsprechend aus $S_i^- = \sqrt{\sum_{j=1}^{n} \left(u_{ij} - u_j^-\right)^2}$.

Im Beispiel (Abb. 13) ist außerdem dargestellt, dass die Option, welche der positiven Ideallösung am nächsten liegt, nicht unbedingt auch am weitesten von der negativen Ideallösung entfernt sein muss: A_1 liegt zwar A^* am nächsten, aber A_2 weist eine größere Distanz zu A^- auf. Um auch in solchen Situationen Handlungsempfehlungen ableiten zu können, wird der Verhältniswert der beiden Abstände ermittelt. TOPSIS verwendet einen **Ähnlichkeitsindex** (C), der für jede Alternative ihre Nähe zur positiven Ideallösung mit ihrer Entfernung zur negativen Ideallösung folgendermaßen in Verbindung setzt: $C_i^* = S_i^- / (S_i^* + S_i^-)$; i = 1, …, m. Anhand der Ähnlichkeitswerte wird eine Präferenzordnung erstellt und die Entscheidungsmöglichkeit mit dem höchsten Wert selektiert.

Für die beispielhafte Anwendung von TOPSIS greifen wir wieder auf die zu Beginn des vorherigen Abschnitts (Kap. 6.2) aufgeführte Entscheidungsmatrix (Tab. 27) zurück. Im ersten Schritt werden die relevanten Standortfaktoren bestimmt und folgendermaßen gewichtet: *Preis* = 30 %; *Größe* = 10 %; *GFZ* = 10 %; *WE* = 10 % und *Lage* = 40 %. Im zweiten Schritt wurden die Einträge der Ergebnismatrix in normierte Werte umgewandelt (Tab. 27) und mit ihren Gewichten multipliziert, sodass sich folgende Entscheidungsmatrix ergibt (Tab. 30):

Tab. 30: TOPSIS – gewichtete Entscheidungsmatrix

	Preis	**Größe**	**GFZ**	**WE**	**Lage**
Standort A	14,13	3,33	1,67	2,24	30
Standort B	14,13	1,85$^-$	2,59	1,9$^-$	30
Standort C	5,28*	10*	3,52*	10*	20$^-$
Standort D	22,95$^-$	5	0,74$^-$	1,83	40*
Standort E	5,28*	5,56	2,59	4,69	20$^-$
Standort F	5,28*	7,78	1,67	8,47	20$^-$
Standort G	14,13	6,3	0,74$^-$	2,55	30

Damit können die **Teilnutzen** für die positive Ideallösung A^* und ihrem negativen Gegenbild A^- bestimmt werden. A^* ist die Sammlung aller erzielten Maximalwerte. Der niedrigste Wert ist negativ ideal und mit dem Symbol – markiert.

Nun lassen sich die **Separationsmaße** zu den Ideallösungen berechnen. Für Standort A ergibt sich S_A^- aus $[(14,13-22,95)^2 + (3,33-1,85)^2 + (1,67-0,74)^2 + (2,24-1,83)^2 + (30-20)^2]^{1/2} = 13,45$. Die Separationsmaße aller Standorte werden analog ermittelt, woraus folgende Werte und Rangfolgen hervorgehen (Tab. 31):

Tab. 31: Bewerten mit der TOPSIS-Regel

	Abstand (S⁻)		Abstand (S*)		Ähnlichkeit (C*)	
	Wert	Rang	Wert	Rang	Wert	Rang
Standort A	13,45	7	16,92	2	44,29	6
Standort B	13,46	6	17,64	3	43,28	7
Standort C	21,29	1	20,00	4	51,56	1
Standort D	20,25	2	20,29	6	49,95	2
Standort E	18,37	4	21,18	7	46,45	5
Standort F	19,81	3	20,27	5	49,43	3
Standort G	14,08	5	15,98	1	46,84	4

Im nächsten Schritt werden die **Ähnlichkeiten** (C) der Alternativen zur positiven Ideallösung errechnet. Für Option A errechnet sich somit beispielsweise ein Wert von $C_A^* = 13,5/(16,92 + 13,45) = 44,29\%$. Die aggregierten Ergebnisse aller Wahlmöglichkeiten sind in obiger Entscheidungsmatrix (Tab. 31) eingetragen. Im Beispiel ergibt sich eine knappe Handlungsempfehlung: Standort C nimmt dabei insgesamt den ersten Platz ein und ist daher zu bevorzugen.

Anwendung   Die Mehrzielmethoden zeichnen sich gegenüber kompensatorischen Verfahren dadurch aus, dass die beste Entscheidungsmöglichkeit ganzheitlich, d. h. unter Berücksichtigung aller relevanten Merkmale, ermittelt werden kann, ohne dass eine direkte Nutzenaggregation stattfindet (OLSON 2004). Dies bietet sich vor allem dann an, wenn die Relevanz der Kriterien entweder unklar oder zu vernachlässigen ist, sodass eine Gewichtung ungenau oder unnötig wäre. Bei der Standortwahl eignen sich die Regeln vor allem dann, wenn es, wie im obigen Beispiel, nicht nur um das Erreichen von Extremierungszielen geht, sondern um Standorteigenschaften, bei denen ein nicht linearer Nutzenverlauf angenommen wird. Ihr Einsatz setzt im Allgemeinen voraus, dass die Entscheidungsträger **klare Zielvorstellungen** besitzen und in der Lage sind, exakte Werte vorzugeben, die möglichst genau erreicht werden sollen. Bei der Standortwahl können die Mehrzielmethoden auch genutzt werden, um nach **Analogien zu einem bestehenden Unternehmensstandort** suchen, der sich sehr positiv entwickelt. Auf diese Weise wird ein **quantitativer Vergleich von Standortprofilen** ermöglicht. Dieser Einsatzbereich wird allerdings dadurch beschränkt, dass man in der Praxis Schwierigkeiten hat, ähnliche Standorte zu finden. Daneben ist die Annahme, dass sich zwei ähnliche Standorte tatsächlich auch identisch entwickeln, ihrerseits mit Unsicherheit verbunden. Ein Einsatz in der Standortplanung bietet sich daher vor allem im Rahmen von **Bottom-up-Analysen** an, um im Rahmen von Standortentwicklungskonzepten zu prüfen, inwieweit ein Standort für verschiedene Maßnahmenarten geeignet ist und die beste Nutzungsmöglichkeit zu identifizieren (Kap. 3.3.1.2).

Standortvergleich

6.4 Kompensatorisches Bewerten

Im Folgenden werden drei Grundansätze kompensatorischer Regeln behandelt, die einen **Gesamwert für den Nutzen einer Alternative** berechnen. Ihr Einsatz eignet sich bei der Endauswahl (vgl. Kap. 3.3.2), d. h. für das Identifizieren überlegener Entscheidungsoptionen als Handlungsempfehlung. Die einzelnen Methodengruppen unterscheiden sich bezüglich der Anwendungsvoraussetzungen und des Untersuchungsaufwands. Neben ihren Grundmodellen werden außerdem vereinfachende Varianten vorgestellt, deren Einsatz auch bei Standortentscheidungen ohne präzise numerische Datengrundlage möglich ist.

6.4.1 Multiattributive Nutzentheorie

6.4.1.1 Basismodell

MAUT-Regel

Prinzip   Mit der multiattributiven Nutzentheorie (**M**ulti-**A**ttributive **U**tility **T**heory; **MAUT**) liegt ein geschlossener Ansatz vor, der sowohl zum Bewerten als auch zum Gewichten theoretisch begründete Regeln vorgibt. Eine volle Darstellung der MAUT wurde erstmals in den Arbeiten von KEENEY/RAIFFA (1976), EDWARDS (1977) und DYER/SARIN (1979) präsentiert. Die MAUT wurde in zahlreichen Studien zur Lösung realer räumlicher Probleme verwendet (KEENEY 1975; BEHNSEN 1980). Der Grundgedanke des multiattributiven Nutzens geht auf frühere Ausführungen von RAIFFA (1968; 1969), KEENEY (1972; 1974) und KEENEY/RAIFFA (1969) zurück. MAUT ähnelt in seiner vereinfachten Form der NWA, ist aber im Gegensatz zu dieser (und den anderen Bewertungsregeln) in seinem Grundmodell **nutzentheoretisch fundiert**. Die formalen Annahmen der Theorie können folgendermaßen zusammengefasst werden: Entscheidungen haben Konsequenzen, die mit bestimmter Wahrscheinlichkeit eintreten. Entscheider präferieren bestimmte Konsequenzen und können die Alternativen daher nach deren Güte bewerten. Die Güte einer Option wird bei Entscheidungssituationen ohne Berücksichtigung von Risiken als *Wert* (*value*, v) und bei Entscheidungen mit Risiken als *Nutzen* (*utility*, u) bezeichnet (WINTERFELDT/EDWARDS 1986). Die Gesamtnutzenfunktion (Φ) einer Alternative (a_j) setzt sich wie bei der NWA aus der Summe der mit ihren Gewichten (w_i) multiplizierten Kriteriennutzenwerte zusammen: $\Phi(a_j) = \sum_{i=1}^{n} w_i \cdot u_{ij}$. Die Gesamtwerte ergeben eine Präferenzordnung. Die Option mit dem höchsten Gesamtnutzen bzw. -wert $\Phi(a)$ ist zu wählen.

Nutzen, theoretisches Konzept

Austauschbeziehung

Verfahren   Die Entscheidungsfindung mittels MAUT basiert auf **metrisch skalierten Nutzenfunktionen**, deren Austauschbeziehungen sich mathematisch ableiten lassen. Im ersten Schritt wird für jedes Kriterium eine (Wert- bzw.) Nutzenfunktion entworfen. Gewichte werden nicht direkt bestimmt, sondern ergeben sich rechnerisch aus den Nutzenfunktionen einer gleichwertigen Kombination konfliktärer Ziele: Sie stellen das Verhältnis der Nutzenwerte der einzelnen Kriterien zum Gesamtnutzen bzw. -wert dar. Schritt für Schritt werden paarweise diejenigen Austauschraten ermittelt, bei denen die Entscheidungsträger zwischen zwei Zielen bzw. Kriterien indifferent sind (JIA et al. 1998). Wenn beispielsweise Kriterium i ein Gewicht w_i und Kriterium j ein Gewicht w_j hat, dann gibt die Austauschrate an, inwieweit der Entscheidungsträger bereit ist, eine Qualitätsabnahme (Δu_i) von Kriterium i gegen einen Anstieg bei Attribut j in Höhe von $\Delta u_j = (\Delta u_i \cdot w_i)/w_j$ hinzunehmen, ohne seine Einschätzung gegenüber einer Problemlösung zu verändern. Somit ergibt sich ein Verhältniswert (**Trade-Off**) für die Relevanz der beiden Merkmale. Durch die allgemeine Bedingung, dass die Summe der Gewichte von allen Kriterien einem Wert von 100 % entsprechen muss, lassen sich daraus normierte Faktoren ableiten.

Trade-off-
Gewichtung

Als Beispiel für den Gebrauch der MAUT wird folgendes Selektionsproblem angenommen: Ein forstwirtschaftliches Unternehmen möchte die Ertragsaussichten von Kiefernwäldern an drei verschiedenen Standorten einschätzen. Anhand folgender Indikatoren soll geklärt werden, wie viele Bäume bestimmter Größe ein Standort bei zuwachsoptimaler Bestockungsdichte zu ernähren vermag: *Boden* (Horizontmächtigkeit in cm) als Nutzenkriterium für die Durchwurzelungstiefe; das Kostenkriterium *Frost* wurde durch Invertieren in das Nutzenkriterium für die Vegetationszeit (*frostfreie Tage pro Jahr*) umgewandelt. Das Kriterium *Wasser* ist eigentlich nicht linear, d. h., sein Optimum liegt in gemäßigten Ausprägungen, wurde aber auf einer Ratingskala (fünfstufige Einschätzung des Wasserhaushalts bezüglich Grundwasserstand und Niederschläge) in ein lineares Nutzenkriterium transformiert. Bezüglich des Zusammenhangs zwischen den Kriterien und dem Ertrag liegen dem Unternehmen umfangreiche Datenstände vor. Anhand von statistischen Auswertungen geht man von folgenden Nutzenfunktionen aus, mit denen sich die Rohdaten der drei Standorte in normierte Nutzwerte umwandeln lassen (Abb. 14):

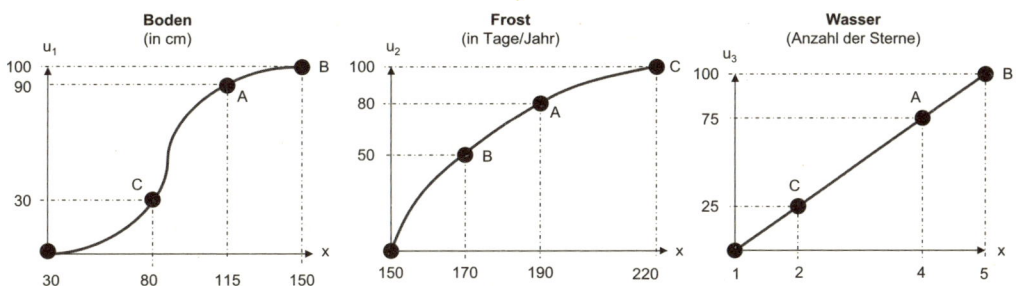

Abb. 14: Nutzenfunktionen bei der MAUT

Für die ersten beiden Kriterien wurden Mindestanforderungen definiert. Beim *Boden* bewirkt ein darüber hinausgehender Anstieg zunächst niedrige Nutzenzuwächse. Erst im mittleren Bereich nehmen diese stark zu, bis sie dann wieder abnehmen und schließlich einen Punkt (150 cm) erreichen, ab dem überhaupt kein weiterer Nutzen mehr entsteht. Beim *Frost* werden die Nutzenzuwächse nach dem Überschreiten der Mindestanforderung allmählich geringer. Beim *Wasser* wurde der Wertebereich gleichmäßig unterteilt, sodass eine linear steigende, intervallskalierte Nutzenfunktion entsteht.

Die folgende Scoring-Tabelle (Tab. 32) zeigt die empirischen Eingangsdaten der drei Standortalternativen und ihre Nutzenwerte. Standort D gibt die jeweils schlechteste Kriterienausprägung an, die in der Datenbasis zu finden ist.

Tab. 32: MAUT – Scoring-Tabelle

	Boden		Frost		Wasser	
	x_1	u_1	x_2	u_2	x_3	u_3
Standort A	115	90	190	80	****	75
Standort B	150	100	170	50	*****	100
Standort C	80	30	220	100	**	25
Standort D	30	0	150	0	*	0

Für die **Gewichtung** wird als Erstes die Austauschbeziehung des Kriterienpaars *Boden* und *Frost* ermittelt. Hierzu greift man in der Datensammlung auf die Merkmalsausprägungen von zwei anderen Standorten zurück, die erstens sich nur bei den zwei Kriterien *Boden* und *Frost* unterscheiden, zweitens bezüglich der restlichen Merkmale (hier nur *Wasser*) identisch sind (*) und drittens den gleichen Ertrag erzielen: (90 cm, 200 Tage, *) ~ (100 cm, 180 Tage, *). Dies bedeutet, dass sich eine Minderung von 10 cm *Boden* durch eine Verbesserung des Teilnutzens von *Frost* in Höhe von 20 frostfreien Tagen ausgleicht (und umgekehrt): $w_1 \cdot |\Delta u_1| = w_2 \cdot |\Delta u_2|$. Wenn man die Merkmalsausprägungen in diese allgemeine Gleichung einsetzt, erhält man: $w_1 \cdot u_1$ (90 cm) + $w_2 \cdot u_2$ (200 Tage) = $w_1 \cdot u_1$ (100 cm) + $w_2 \cdot u_2$ (180 Tage). Nach dem Gewicht von *Frost* aufgelöst ergibt sich: $w_2 = [u_1 \cdot (100 \text{ cm}) - u_1 (90 \text{ cm})]/[u_2 (200 \text{ Tage}) - u_2 (180 \text{ Tage})] \cdot w_1$. Abschießend müssen nur noch – den Vorgaben der Nutzenfunktionen entsprechend – die Merkmalsausprägungen durch Scores ersetzt werden: $w_2 = (80 - 64)/(86 - 66) \cdot w_1$. Damit steht die verhältnismäßige Relevanz von *Frost* gegenüber *Boden* fest: $w_2 = 0{,}8\ w_1$.
Jetzt muss noch ein weiteres Austauschverhältnis bestimmt werden. Hierfür sollen die Kriterien *Boden* und *Wasser* verglichen werden. Weil dem Unternehmen keine Daten über Indifferenzstandorte vorliegen, müssen die Entscheidungsträger zwei fiktive Alternativen bestimmen. Sie legen folgende Merkmalsausprägungen fest, die sie insgesamt als gleichwertig ansehen: (120 cm, *, **) ~ (90 cm, *, ***). Nun lässt sich der Verhältniswert von *Wasser* gegenüber *Boden* wie oben beschrieben berechnen. Erst werden die Merkmalausprägungen in einer Gleichung ausgedrückt: $w_1 \cdot u_1$ (120 cm) + $w_3 \cdot u_3$ (**) = $w_1 \cdot u_1$ (90 cm) + $w_3 \cdot u_3$ (***). Diese wird nach einem Gewicht aufgelöst: $w_3 = [u_1 (120 \text{ cm}) - u_1 (90 \text{ cm})]/[u_3 (\text{***}) - u_3 (\text{**})] \cdot w_1$. Zuletzt werden die Merkmalsausprägungen durch ihre Nutzenwerte ersetzt: $w_3 = (94 - 64)/(50 - 25) \cdot w_1$. Als Ergebnis ist mit $w_3 = 1{,}2\ w_1$ die zweite Austauschbeziehung gefunden.
Für die Summe der Gewichte gilt die Bedingung: $w_1 + w_2 + w_3 = 1$. In diese Gleichung werden die beiden berechneten Verhältniswerte eingesetzt: $1 = w_1 + 0{,}8\ w_1 + 1{,}2 \cdot w_1$; oder anders ausgedrückt: $1 = w_1 \cdot (1 + 0{,}8 + 1{,}2)$. Damit lässt sich das Gewicht von *Boden* berechnen: $w_1 = 1/(1 + 08 + 1{,}2) = 33\,\%$. Für *Frost* ergibt sich folglich ein Gewicht von $w_2 = 0{,}8 \cdot 33\,\% = 27\,\%$ und bei *Wasser* beträgt der Wert $w_3 = 1{,}2 \cdot 33\,\% = 40\,\%$.
Als Endergebnis der Standortanalyse wird nun der mehrkriterielle Gesamtnutzen (F) der drei Standortalternativen ermittelt, indem man ihre Nutzenwerte mit den Gewichten multipliziert und summiert: $\Phi(a_j) = 0{,}33 \cdot u_{1j} + 0{,}27 \cdot u_{2j} + 0{,}40 \cdot u_{3j}$. Daraus leitet sich folgende Entscheidungsmatrix her (Tab. 33):

Tab. 33: Bewerten mit der MAUT-Regel

	Boden	Frost	Wasser	
Gewicht (w)	**33**	**27**	**40**	**gesamt**
Standort A	29,70	21,60	30,00	81,30
Standort B	**33,00**	**13,50**	**40,00**	**86,50**
Standort C	9,90	27,00	10,00	46,90

Hiermit lassen sich die Gesamtnutzen der Alternativen ablesen: Standort A erreicht einen Zielerreichungsgrad von: $0,33 \cdot 90 + 0,27 \cdot 80 + 0,40 \cdot 75 = 81,3\%$. Standort B kommt auf einen etwas höheren Score von $0,33 \cdot 100 + 0,27 \cdot 50 + 0,40 \cdot 100 = 86,5\%$. Der Nutzen von Standort C fällt dagegen deutlich ab: $0,33 \cdot 30 + 0,27 \cdot 100 + 0,40 \cdot 25 = 46,9\%$. Diese Ergebnisse legen nahe, die Standorte A und B einer vertieften Untersuchung oder einer Ergebniskontrolle zu unterziehen. Standort C ist dagegen klar unterlegen und kann ausgeschlossen werden.

Anwendung Die Befürworter der MAUT argumentieren, dass die aus der mikroökonomischen Nutzentheorie abgeleiteten Wert- bzw. Nutzeninformationen die **schlüssigste Grundlage einer Entscheidungshilfe** darstellen (TSOUKIÀS 2007). Ein Vorteil besteht insbesondere darin, dass bei der Trade-Off-Gewichtung keine subjektiven Verzerrungen oder Inkonsistenzen auftreten können. Auf der anderen Seite wird der Ansatz wegen seiner **hohen Anwendungsvoraussetzungen** eingeschränkt, weil sowohl die Eingangsdaten als auch die Nutzenfunktionen in metrischer Skalierung vorliegen sollten (FISCHER 1989; SALMINEN et al. 1998). Das Bestimmen der indifferenten Nutzenfunktionen erfolgt im Rahmen der MAUT idealerweise anhand empirischer Eingangsdaten und objektiver Maßskalen. In der Standortplanung ist eine solche Grundlage jedoch kaum vorhanden (YEH et al. 1999). Auch die alternative Bestimmung der Austauschraten mit „fiktiven" Alternativen gestaltet sich wegen der erforderlichen Berechnung relativ aufwendig und setzt die Existenz detaillierter Präferenzvorstellungen voraus. Alles in allem eignet sich der Gebrauch der MAUT in ihrer allgemeinen, vergleichsweise komplexen Form vor allem bei bedeutenden Projekten, die den **hohen Ressourcenaufwand** rechtfertigen.

Endauswahl

6.4.1.2 Vereinfachende Varianten

Prinzip Die von EDWARDS (1977) und EDWARDS/NEWMAN (1982) entwickelte **S**imple **M**ulti **A**ttributive **R**ating **T**echnique (**SMART**) stellt eine Vereinfachung des MAUT-Basismodells dar, deren Umsetzung in der Praxis weitaus leichter fällt und somit eine attraktive Alternative zur NWA darstellt (WANG/YANG 1998): SMART ist als standardisiertes MAUT-Näherungsverfahren international etabliert und konnte in einer Reihe von Simulationsstudien gute Ergebnisse erzielen (OLSON 2001). Im Vergleich zur MAUT verwendet SMART erleichternde Annahmen beim Ableiten der Präferenzen. Erstens wird akzeptiert, dass sich die Zielerreichung durch ordinale Funktionen hinreichend beschreiben lässt, was den Gebrauch einer beliebigen **Ratingskala** ermöglicht. Zweitens verfolgt SMART beim Gewichten anstatt der Trade-Off-Prozedur des Grundmodells den Ansatz der in Kap. 4 vorgestellten Methoden. Die einzelnen Unterarten von SMART unterscheiden sich hinsichtlich der jeweils eingesetzten Gewichtungsregel. So greift die Grundversion SMART auf das DRatio-Verfahren (Kap. 4.2.4) zurück, während sich bei **SMARTS** (**SMART** using **S**wing Weights) (WINTERFELDT/EDWARDS 1986) die Gewichte an der Bandbreite der Merkmalsausprägungen orientieren (Kap. 4.4). Die Variante **SMARTER** (**SMART** **E**xtended to **R**anking) nutzt hingegen die besonders einfach abzuleitende ROC-Regel (Kap. 4.5).

SMART-Regel

Das folgende Beispiel zeigt einen Mehrmethodenansatz mit beiden SMART-Varianten, um Rückschlüsse über die Unsicherheit der Analyseergebnisse zu ermöglichen. Der erste Schritt einer SMART-Analyse hat das Erstellen einer Scoring-Tabelle zur Aufgabe: Für jedes Ziel wird anhand einer einheitlichen Skala eine Nutzenfunktion formuliert (Kap. 3.4.2). In diesem einfachen Beispiel entwerfen die Entscheidungsträger eine siebenstufige Ratingskala für *Boden* und *Frost*, bei *Wasser* wird die fünfstufige Unterscheidung beibehalten. Jeder Skalenstufe werden Merkmalsbereiche zugeordnet: Bei *Boden* erhalten alle Messwerte, die in den Abschnitt *unter 30* entfallen, einen Nutzwert von 1, das Segment *30–79* entspricht einem Score von 2 etc. Insgesamt werden folgende Regeln zum Umwandeln in Nutzenwerte vorgegeben (Tab. 34):

Tab. 34: SMART – Scoring-Tabelle

Scores	Boden (cm)	Frost (Tage)	Wasser
1	unter 30	weniger als 150	*
2	30–79	150–159	**
3	80–89	160–169	***
4	90–99	170–179	****
5	100–109	180–189	*****
6	110–149	190–119	
7	mindestens 150	mindestens 220	

Jetzt gilt es, die objektiven Eigenschaften der Standortalternativen hinsichtlich ihres subjektiven Nutzens zu beurteilen. Anhand der Scoring-Tabelle lassen sich ihre Messwerte (Tab. 32) den Wertebereichen der Ratingskalen zuordnen und somit in Nutzenwerte umwandeln. Eine Division mit dem möglichen Maximalwert, also im Beispiel 7 oder 5, normiert die Nutzenwerte, sodass sich eine Entscheidungsmatrix ergibt (Tab. 35).

Tab. 35: SMART – Entscheidungsmatrix

	Boden		Frost		Wasser	
	x	u	x	u	x	u
Standort A	115	6/7 = 85,7	190	6/7 = 85,7	****	4/5 = 80
Standort B	150	7/7 = 100	170	4/7 = 57,1	*****	5/5 = 100
Standort C	80	3/7 = 42,9	220	7/7 = 100	**	2/5 = 40
Bandbreite		4/7 = 57,1		3/7 = 42,9		3/5 = 80

SMARTS verwendet bandbreitenorientierte Gewichte nach der SW-Regel (Kap. 4.4). Als Erstes wird hierfür das Merkmal mit der weitesten Bandbreite ermittelt. In diesem Fall ist das der Standortfaktor *Wasser*, bei dem Standort C einen Wert von 2 und Standort B einen Wert von 5 erreicht (Tab. 33). Diesem Merkmal wird die maximale Relevanz (r) von 100 Punkten zugeordnet. Alle anderen Merkmale werden der Reihe nach in absteigender Richtung, d. h. mit größerer Bandbreite zuerst, gemäß der Differenz ihrer Extremwerte mit Punkten bewertet (Tab. 36):

Tab. 36: Bewerten mit der SMARTS-Regel

	Boden	Frost	Wasser	gesamt
Relevanz (r) in %	57,1/80 = 71,375	42,9/80 = 53,625	100	225
Gewicht (w_{sw}) in %	71,375/225 = 32	53,625/225 = 24	100/225 = 44	100
Standort A	27,42	20,57	35,20	83,19
Standort B	**32,00**	**13,70**	**44,00**	**89,70**
Standort C	13,73	24,00	17,60	55,33

Wie in der Tabelle dargestellt, werden die normierten Gewichte (w_{sw}) mit den Nutzenwerten der Entscheidungsmatrix multipliziert. Eine Addition der gewichteten Nutzenwerte bringt als Endergebnis die Gesamtwerte des Standortnutzens. Im Beispiel werden ähnliche Ergebnisse wie beim MAUT-Grundmodell erzielt. Dies gilt sowohl für die Gewichte (SMARTS/MAUT: *Boden* 32/33; *Frost* 24/27 und *Wasser* 44/40) als auch für die Gesamtnutzenwerte (*Standort A* 83,2/81,3; *Standort B* 89,7/86,5 und *Standort C* 55,3/46,9). Dementsprechend bleibt auch die Handlungsempfehlung unverändert: Alternative B weist insgesamt den höchsten Zielerreichungsgrad auf und ist daher zu selektieren.

Die von EDWARDS/BARRON (1994) präsentierte Variante **SMARTER** verwendet Gewichte nach dem in Kap. 4.5 vorgestellten ROC-Verfahren von BARRON (1992). Die Entscheidungsträger müssen hierfür die drei Kriterien entsprechend ihrer Entscheidungsrelevanz in aufsteigender Richtung reihen. Im Beispiel erhält das wichtigste Kriterium *Wasser* den ersten Rang vor *Boden* und dem vergleichsweise unwichtigen Kriterium *Frost*. Nach der ROC-Formel leiten sich daraus die in folgender Entscheidungsmatrix aufgeführten Gewichte ab (Tab. 37):

Tab. 37: Bewerten mit der SMARTER-Regel

	Boden	Frost	Wasser	
Rang	2	3	1	
Gewicht (w_{ROC})	27,8	11,1	61,1	gesamt
Standort A	23,82	9,51	48,88	82,22
Standort B	27,80	6,34	61,10	95,24
Standort C	11,93	11,10	24,44	47,47

Die Abweichungen gegenüber den Gewichten von SMARTS und dem Grundmodell zeigen, wie die Wahl der Gewichtungsverfahren bei gleicher Datenbasis zu unterschiedlichen Ergebnissen führen kann: Nach der ROC-Regel erhält das unwichtigste Merkmal *Frost* ein viel niedrigeres Gewicht von 11,1 gegenüber 24 und 27; der wichtigste Standortfaktor *Wasser* wird dagegen mit 61,1 statt 44 und 40 deutlich höher gewichtet. Dadurch verstärken sich auch die Differenzen zwischen den Standortergebnissen.

Zum Berechnen der Gesamtnutzen werden die Gewichte mit den Zelleinträgen der Entscheidungsmatrix multipliziert und summiert, wodurch sich die in der rechten Spalte aufgeführten Alternativenwerte ergeben (Tab. 37). In diesem Fall spricht die Tatsache, dass die Rangfolge der Alternativen von den abweichenden Gewichten unbeeinflusst bleibt, für die Stabilität der Untersuchungsergebnisse: Die Handlungsempfehlung zugunsten Standort B wird durch den Mehrmethodenansatz weiter untermauert.

6.4.2.1 Basismodell

AHP-Regel **Prinzip**   Der von SAATY (1977; 1980; 1990; 1994) entwickelte analytische Hierarchieprozess (**A**nalytic **H**ierarchy **P**rocess, **AHP**) gilt in der Literatur als eine der „ausgereiftesten" Anleitungen für Entscheidungsanalysen und hat auch in der Wirtschaftspraxis einen breiten Anwendungsbereich erfahren (VAIDYA/KUMAR 2006). Seine Bezeichnung stammt vom hierarchischen Anordnen des Zielsystems, das im Gegensatz etwa zur ursprünglichen MAUT einen festen Bestandteil des AHP-Verfahrens darstellt. Weil das hierarchische Gliederungsprinzip bei Standortanalysen unabhängig von der gewählten Bewertungsregel zweckmäßig ist, wurde dieser Arbeitsschritt bereits als allgemeines Hilfsmittel zur Zielsetzung (Kap. 3.2.3) und Gewichtung (Kap. 4.1) vorgestellt. Des Weiteren beruht der AHP im Gegensatz zur normativ-theoretisch fundierten MAUT vorrangig auf **verhaltenswissenschaftlichen Erkenntnissen,** welche den praktischen Gebrauch erleichtern sollen. Die Grundidee des Verfahrens fußt auf der Annahme, dass es dem Anwender leichter fällt, über Kriteriengewichte und Alternativenbewertungen relative Einschätzungen abzugeben, anstatt absolute Urteile treffen zu müssen (SAATY 1986b). Dabei wird die Methode der **Paarvergleiche** genutzt, sodass immer nur zwei Elemente gleichzeitig auf einer einheitlichen Skala betrachtet werden müssen. Insgesamt fallen bei einer Anzahl von n Elementen $(n \cdot n - n)/2$ Vergleiche an. Anders als bei absoluten (ordinalen) Ratingskalen ergeben sich dabei verhältnisorientierte (metrische) Werte. Um die Alternativenpräferenz zu berechnen, werden die Ergebnisse in Tabellenform zusammengefasst.

AHP-Skala   **Verfahren**   Aufgrund der hierarchischen Vorgehensweise müssen beim Gewichten nur diejenigen Elemente paarweise miteinander verglichen werden, die derselben Gruppe des Zielsystems angehören (Kap. 4.1). Im Gegensatz zur allgemeinen Gewichtung mit Paarvergleichen (Kap. 4.3) steht hierfür ein standardisiertes Verfahren zur Verfügung. Die Entscheidungsträger werden dabei gebeten – entweder einzeln mit Fragebogen oder gemeinsam in einer Gruppensitzung – ihre Einschätzung auf einer einheitlichen neunstufigen Skala wiederzugeben (SAATY 1990). Die Frage bei der **Gewichtung** lautet: *Wie wichtig ist Ziel/Kriterium C_i im Vergleich mit Ziel/Kriterium C_j?* Sind auf diese Weise alle Hierarchiegruppen des Zielsystems abgehandelt, werden die Alternativen bezüglich der Messkriterien gegeneinander abgewogen. Wieder werden dazu paarweise Vergleiche mit derselben Skala durchgeführt. Bei der **Bewertung** ändert sich lediglich die Frageformulierung: *Wie gut ist Alternative A_i bezüglich des Kriteriums C_i im Vergleich zu Alternative A_j?* Die auf diese Weise ermittelten verbalen Paarvergleichsurteile werden in Zahlenwerte von 1 bis 9 umgewandelt (Tab. 38). Einstufungen zwischen zwei verbalen Beschreibungen erhalten den entsprechenden numerischen Zwischenwert (2, 4, 6 oder 8). Wenn dagegen Ziel/Kriterium C_j wichtiger als C_i eingeschätzt wird, wird der entsprechende Umkehrwert der Skala verwendet. So entspricht beispielsweise die Einstufung *Kriterium j ist etwas wichtiger als Kriterium i* einem zahlenmäßigen Skalenwert von

Tab. 38: AHP-Skala – Scoring-Tabelle

verbale Beschreibung	numerischer Wert	
	ganzzahlig	**balanciert**
i und j sind gleich wichtig/gut	1	1,00
	2	1,22
i ist etwas wichtiger/besser als j	3	1,50
	4	1,86
i ist deutlich wichtiger/besser als j	5	2,33
	6	3,00
i ist viel wichtiger/besser als j	7	4,00
	8	5,67
i ist sehr viel wichtiger/besser als j	9	9,00

1/3. Anstelle der von Saaty (1977; 1980) verwendeten ganzzahligen AHP-Skala können auch die ebenfalls in Tab. 37 aufgeführten „balancierten" Skalenwerte von Lootsma (1993) und Salo/Hämäläinen (1997) mit ausgeglicheneren Abständen eingesetzt werden.

Die numerischen Ergebnisse der Paarvergleiche werden – beim Gewichten für jede Hierarchiegruppe und beim Bewerten für jedes Element getrennt – in eine standardisierte Ergebnistabelle, die **Paarvergleichsmatrix** eingetragen. Jedes Element erhält eine Zeile und eine Spalte zugeordnet. In den einzelnen Zellen der Tabelle sind die Vergleichswerte des Zeilenelements gegenüber den Elementen der Spalten eingetragen. War das Zeilenelement im Vergleich überlegen, ergibt sich ein Zelleintrag mit einem Wert größer 1. So entsteht eine Tabelle mit n^2 Einträgen d. h., bei vier Kriterien hat die Matrix eine Größe von 16 Zellen. Davon müssen aber nur die Einträge der sechs Zellen oberhalb der Diagonale mit Paarvergleichen ermittelt werden. Die Diagonale der Matrix umfasst die Zellen, bei denen Zeile und Spalte für dasselbe Element stehen, und enthält folglich immer den Wert 1. Den Zellen unterhalb der Diagonale, welche für die Umkehrbeziehungen der verglichenen Kriterienpaare stehen, wird automatisch der jeweilige Kehrwert des Vergleichs zugeordnet. Für das Normieren der Ergebnismatrix – man spricht dann von einer **Präferenzmatrix** – werden zunächst für alle Spalten die Summen der Zelleinträge berechnet. Dann werden diese durch ihre jeweilige Spaltensumme dividiert.

In der Entscheidungsmatrix werden die Zelleinträge für jedes Element zeilenweise aggregiert. Für das Aggregieren im Rahmen des AHP wurden verschiedene Varianten entwickelt und kontrovers diskutiert (Ishizaka/Lusti 2006). Saaty/Vargas (1984) und Saaty (1977; 2001; 2003) schlagen hierfür die additive Eigenvektor-Methode vor. Eine Reihe von Autoren hat dieses Verfahren aufgrund des hohen Berechnungsaufwands und theoretischer Mängel kritisiert (Dyer 1990; Stam/Duarte Silva 2003; Bana e Costa/Vans-

Paarvergleichsmatrix

Präferenzmatrix

NICK 2007). An dieser Stelle werden zwei Varianten vorgestellt, deren Berechnungen ohne Umstände in einem Tabellenkalkulationsprogramm wie z. B. Microsoft Excel auszuführen sind. Bei der additiven Reihensummenmethode (**R**ow-**S**um-**M**ethod, **RSM**) werden zeilenweise die Summen der Zelleinträge berechnet (DAVID 1988; ANDREWS/DAVID 1990 und CHEBOTAREV 1994). Eine multiplikative Möglichkeit besteht darin, die geometrischen Mittelwerte der Zeilen zu ermitteln (**R**ow-**G**eometric-**M**ean-**M**ethod, **RGM**; BARZILAI 1997). Zum Abschluss werden die zusammengefassten Werte durch eine Division mit ihrer Gesamtsumme normiert. Weil die Eingangsdaten bei der AHP-Regel bereits Verhältniswerte darstellen, lassen sich die Ergebnisse in formaler Sicht korrekt als Prozentwerte für die „Priorität" eines Kriteriums oder einer Alternative interpretieren.

Priorität

Folgendes Beispiel demonstriert den Gebrauch der AHP-Regeln im Rahmen eines kombinierten Mehrpersonen-Mehrmethoden-Ansatzes, welcher die Unsicherheiten der Analyseergebnisse offenlegen soll: Der Vorstand eines Technologieunternehmens denkt nach der Übernahme eines Konkurrenten über das Verlagern der Konzernzentrale nach. Eine erste Standortanalyse soll den bisherigen Hauptsitz (X) und den des übernommenen Unternehmens (Y) mit einem dritten Standort (Z) vergleichen, der als Standort eines bedeutenden Konkurrenten attraktiv erscheint. Als Bewertungskriterien werden *Cluster* (branchenbezogene Agglomerationsvorteile; A), *Infrastruktur* (B), *Prestige* (C) und *Lebensqualität* (D) festgelegt. Für das Projekt werden zwei unabhängig voneinander arbeitende Gruppen – die Erste in der Konzernzentrale, die Zweite im übernommenen Unternehmensteil – gebildet, deren Endergebnisse dem Vorstand als Entscheidungshilfe vorgelegt werden sollen. Die Aggregation der Werte folgt dem AIP-Ansatz (Kap. 3.4.3), sodass die Ergebnisse der einzelnen Methoden und Personen zunächst getrennt berechnet und erst am Ende der Untersuchung zusammengefasst werden.

Gewichtung Die Kriterienrelevanz wird von den beiden Gruppen in Paarvergleichsurteilen auf der neunstufigen, ganzzahligen Skala folgendermaßen eingestuft (Tab. 39):

Tab. 39: Gewichten mit der AHP-Regel – Paarvergleichsmatrix

	1. Gruppe				2. Gruppe			
	A	B	C	D	A	B	C	D
Kriterium A	1	4	6	7	1	5	7	9
Kriterium B	1/4	1	3	4	1/5	1	4	6
Kriterium C	1/6	1/3	1	2	1/7	1/4	1	2
Kriterium D	1/7	1/4	1/2	1	1/9	1/6	1/2	1
Spaltensumme	1,56	5,58	10,50	14,00	1,45	6,42	12,50	18,00

Weil im Beispiel die erste Gruppe Kriterium A wichtiger einschätzt als B (es erhielt einen Vergleichswert von 4), erhält Letzteres automatisch den entsprechenden Umkehrwert (1/4). Im Beispiel mit n = 4 Kriterien waren also pro Gruppe (4 · 4 – 4)/2 = 6 Vergleiche notwendig. Aus der Division der Zelleneinträge (r) mit ihrer jeweiligen Spaltensumme erhält man die folgenden normierten Werte (w) der Präferenzmatrix (Tab. 40):

Tab. 40: Gewichten mit der AHP-Regel – Präferenzmatrix

	Präferenzmatrix				RSM		RGM	
	A	B	C	D	r	w	r	w
1. Gruppe								
Kriterium A	64,1	71,6	57,1	50,0	242,9	60,7	60,2	61,4
Kriterium B	16,0	17,9	28,6	28,6	91,1	22,8	22,0	22,4
Kriterium C	10,7	6,0	9,5	14,3	40,5	10,1	9,7	9,9
Kriterium D	9,2	4,5	4,8	7,1	25,5	6,4	6,1	6,2
			Summe		**400**		**98**	
2. Gruppe								
Kriterium A	68,8	77,9	56,0	50,0	252,7	63,2	62,2	64,6
Kriterium B	13,8	15,6	32,0	33,3	94,7	23,7	21,9	22,7
Kriterium C	9,8	3,9	8,0	11,1	32,8	8,2	7,6	7,9
Kriterium D	7,6	2,6	4,0	5,6	19,8	4,9	4,6	4,8
			Summe		**400**		**96,3**	

Jetzt werden die Zellenwerte zeilenweise sowohl additiv (RSM) als auch multiplikativ (RGM) zusammengefasst und durch eine Division mit ihrer jeweiligen Gesamtsumme erneut normiert, sodass sich die Prioritäten der beiden Gruppen ergeben. Der Entscheidungsmatrix ist zu entnehmen, dass sowohl zwischen den beiden Aggregationsvarianten RSM und RGM als auch zwischen den Gruppen lediglich geringfügige Abweichungen bestehen, was auf stabile Ergebnisse hinweist. Abschließend werden noch die Werte der beiden Methoden (additiv) aggregiert, sodass als Endergebnis der Gewichtung ein einzelner Wert pro Gruppe den Entscheidungsträgern vorgelegt wird (Tab. 41):

Tab. 41: Gewichten mit der AHP-Regel – aggregierte Gruppenwerte

	1. Gruppe	**2. Gruppe**
Kriterium A	61,1	63,9
Kriterium B	22,6	23,2
Kriterium C	10,0	8,1
Kriterium D	6,3	4,9

Aus den aufgeführten Werten geht hervor, dass sich beide Gruppen darin einig sind, dass branchenbezogene Agglomerationsvorteile (Kriterium A) bei der Standortwahl von überragender Bedeutung sind. Dieser Standortfaktor erhält mit 61,1 % bzw. 63,9 % ein deutlich höheres Gewicht als das nächstfolgende Kriterium B mit 22,6 % bzw. 23,2 %. Die Kriterien C und D erhalten dagegen lediglich Gewichte von höchstens 10 %.
Jetzt wird der Zielerreichungsgrad der Alternativen X, Y und Z betrachtet. Hierfür werden von den beiden Teams vier Mal jeweils drei Paarvergleiche benötigt, die wiedergeben sollen, wie sie die Standorte bezüglich der Kriterien A, B, C und D im Vergleich zueinander einschätzen. Beide Gruppen beginnen jeweils mit dem wichtigsten Standortfaktor, dem *Cluster* (A). Falls sich dabei ein Standort von den anderen deutlich abhebt, ist eine Kompensation durch die anderen Faktoren nicht

mehr möglich, sodass keine zusätzlichen Analyseschritte notwendig sind. Dabei haben sich für die beiden Gruppen folgende Ergebnisse ergeben (Tab. 42):

Tab. 42 Bewerten mit der AHP-Regel – Paarvergleichsmatrix

	1. Gruppe			2. Gruppe		
	X	Y	Z	X	Y	Z
Standort X	1	5	9	1	1	5
Standort Y	1/5	1	3	1	1	3
Standort Z	1/9	1/3	1	1/5	1/3	1
Spaltensumme	1,31	6,33	13,00	2,20	2,33	9,00

Wie beim Gewichten werden die Paarvergleichswerte durch die Division mit der jeweiligen Spaltensumme normiert. Die resultierenden Zelleinträge (x) werden dann für jede Alternative additiv (RSM) und multiplikativ (RGM) zusammengefasst und nochmals normiert, sodass sich als Endergebnis die Prioritäten (U) für die Standorte bezogen auf Kriterium A ergeben (Tab. 43):

Tab. 43: Bewerten mit der AHP-Regel – Präferenzmatrix

	Entscheidungsmatrix			Gesamtwert additiv (RSM)		Gesamtwert multiplikativ (RGM)	
	X	Y	Z	x	U	x	U
1. Gruppe							
Standort X	76,3	78,9	69,2	224,4	74,8	74,7	75,2
Standort Y	15,3	15,8	23,1	54,2	18,1	17,7	17,8
Standort Z	8,5	5,3	7,7	21,5	7,2	7,0	7,0
Spaltensumme				300		99,4	
2. Gruppe							
Standort X	45,5	42,9	55,6	144,0	48,0	47,7	48,1
Standort Y	45,5	42,9	33,3	121,7	40,6	40,2	40,5
Standort Z	9,1	14,3	11,1	34,5	11,5	11,3	11,4
Spaltensumme				300		99,2	

Auch hier fallen die Unterschiede zwischen den Methoden relativ gering aus. Im Gegensatz zu den Gewichten ergaben sich hier allerdings große Differenzen zwischen den beiden Gruppen, wie folgende Gegenüberstellung der (additiv) aggregierten Gruppenwerte zeigt (Tab. 44):

Tab. 44: Bewerten mit der AHP-Regel – aggregierte Gruppenwerte

	1. Gruppe	2. Gruppe
Standort X	75,0	48,1
Standort Y	18,0	40,5
Standort Z	7,1	11,4

Die angegebenen Gesamtwerte machen klar, dass jedes Team seinen jeweiligen Heimatstandort deutlich besser einschätzt: Standort X erhält von der ersten Gruppe einen Score von 75 %. Bei der zweiten Gruppe fällt der Abstand zwischen den Standorten X und Y dagegen viel geringer aus. Einig sind sich beide Arbeitskreise lediglich darin, dass der dritte Standort Z beim wichtigsten Standortfaktor deutlich zurücksteht, sodass dieser vorzeitig ausgeschlossen werden kann. Um die insgesamt beste Alternative zu bestimmen, muss der Vorgang für die restlichen Kriterien B, C und D wiederholt werden. Die Entscheidungsträger beschließen aber nach einer Präsentation dieser Zwischenergebnisse, zuerst die von der ersten Gruppe empfohlene, eindeutige Priorität für Standort X bezüglich der Konsistenz der zugrunde liegenden Urteile überprüfen zu lassen.

Um die Zuverlässigkeit der subjektiven Einschätzungen zu kontrollieren und Ungereimtheiten und Widersprüche aufzudecken, kann im Rahmen des AHP eine rechnerische Konsistenzprüfung durchgeführt werden. Konsistenz bezieht sich dabei auf die Transitivität, d. h. die Übertragbarkeit der einzelnen Urteile: Wenn in einem Paarvergleich A als wichtiger angesehen wird als B und in einem zweiten Vergleich B wichtiger als C, dann sollte A ebenfalls wichtiger als C sein. Wenn aber C wichtiger als A eingeschätzt wurde, dann sind die Vergleiche widersprüchlich und sollten überdacht werden. SAATY (1990) hat mit dem sogenannten Konsistenzverhältnis eine allgemeine Maßzahl entwickelt, welche diejenigen Vergleiche aufzeigt, für die eine Korrektur, entweder durch wiederholte Paarvergleiche oder Umrechnen der vorliegenden Werte, in Betracht zu ziehen ist.

Konsistenzprüfung

Nach dem von SAATY (1990) entwickelten Prüfverfahren müssen die Zelleinträge der Paarvergleichsmatrix (Tab. 42) spaltenweise mit den daraus resultierenden Prioritäten – wir nehmen im Beispiel hierzu die RSM-Werte – aus der Präferenzmatrix (Tab. 43) multipliziert werden (erster Schritt). Übertragen auf das Beispiel bedeutet dies, dass die Werte der ersten Spalte der Paarvergleichsmatrix (1, 1/5 und 1/9) mit dem aggregierten Gesamtwert der Alternative X (RSM: 74,8) multipliziert werden. Dieser Vorgang wird für die Werte der zweiten Spalte (Standort Y; RSM: 18,1) und für die dritte Spalte (Standort Z; RSM: 7,2) wiederholt. Die Ergebnisse werden in einer sogenannten Konsistenzmatrix festgehalten (Tab. 45):

Tab. 45: Ergebniskontrolle mit der AHP-Regel – Konsistenzmatrix

	1. Schritt: Vergleichsurteile mit Priorität multiplizieren			2. Schritt: Zeilensumme bilden	3. Schritt: durch Gesamtwert dividieren
	X	**Y**	**Z**	**Summe**	
X	74,8	$5 \cdot 18,1$ $= 90,5$	$9 \cdot 7,2$ $= 64,8$	230,1	$230,1/74,8$ $= 3,076$
Y	$74,8/5$ $= 15$	18,1	$3 \cdot 7,2$ $= 21,6$	54,7	$54,7/18,1$ $= 3,020$
Z	$74,8/9$ $= 8,3$	$18,1/3$ $= 6$	7,22	21,5	$21,5/7,2$ $= 2,992$
4. Schritt: Mittelwert berechnen					$\lambda_{max} = 3,029$

Als zweiter Schritt werden die Zeilensummen der neuen Matrix berechnet. Diese Ergebnisse werden dann im dritten Schritt wieder durch die jeweilige Alternativenpriorität (also 74,8, 18,1 und 7,2) dividiert. So ergibt sich für Standort X (oberste Zeile) ein Wert von 230,1/74,8 = 3,076; für Standort Y: 54,7/18,1 = 3,020 und für Standort Z: 21,5/7,2 = 2,992. Abschließend (vierter Schritt) wird noch das arithmetische Mittel dieser Werte ermittelt. Dieser Wert wird auch als maximale Konsistenz (λ_{max}) bezeichnet: $\dfrac{3,076 + 3,020 + 2,992}{3} = \dfrac{9,088}{3} = 3,029$.

Damit lässt sich die Widersprüchlichkeit der Einschätzungen durch den Konsistenzindex (Consistency Index, CI) erfassen. Der CI sollte möglichst niedrig sein und berechnet sich durch $\dfrac{\lambda_{max} - n}{n - 1}$. Bei einer vollkommen konsistenten Matrix entspräche λ_{max} folglich der Anzahl der Elemente (n), wodurch sich ein CI von 0 ergeben würde. Im Beispiel erreicht die Inkonsistenz einen CI-Wert von $\dfrac{3,029 - 3}{2} = \dfrac{0,029}{2} = 0,0145$. Um ein Konsistenzmaß zu erhalten, das unabhängig von der Anzahl der zu berücksichtigen Elemente interpretierbar ist, schlägt SAATY (1990) die Verwendung des **Konsistenzverhältniswertes** (**C**onsistence **R**atio, **CR**) vor. Dieser ergibt sich durch die Division des CI mit der für die jeweils vorliegende Anzahl an Elementen **zufällig zu erwartenden Konsistenz** (**R**andom **C**onsistency **I**ndex, **RI**). Folgende Übersicht zeigt die von SAATY (1990) empfohlenen Werte für zufällige Konsistenzen für Matrizen mit bis zu zehn Elementen (Tab. 46):

Tab. 46: Ergebniskontrolle mit der AHP-Regel – Referenzwerte

	Anzahl der Elemente									
	1	**2**	**3**	**4**	**5**	**6**	**7**	**8**	**9**	**10**
zufällige Konsistenz (RI)	0,00	0,00	0,58	0,90	1,12	1,24	1,32	1,41	1,45	1,49

Das Konsistenzverhältnis sollte einen allgemeinen Schwellenwert von 10 % nicht übersteigen (AGUARÓN/MORENO-JIMÉNEZ 2003). Falls der CR-Wert darüber liegt, sollten zumindest die widersprüchlichsten Einschätzungen wiederholt werden. ZESHUI/CUIPING (1999) haben außerdem einen Rechenweg entwickelt, der inkonsistente Einschätzungen nachträglich so modifiziert, dass eine ausreichende Konsistenz (CR < 0,1) erreicht wird. Aus der Übersicht geht hervor, dass im Beispiel die zufällige Konsistenz (RI) bei drei Elementen 0,58 beträgt. Dies entspricht einem CR-Wert von 0,0145/0,58 = 25 % und weist auf eine akzeptable Konsistenz der Einschätzungen hin. Aufgrund dieser Ergebnisse entscheidet sich der Vorstand, an dieser Stelle die Analyse zu beenden, und spricht sich für den (kostensparenden) Beibehalt des bisherigen Stammsitzes aus.

Endauswahl   **Anwendung** Die Stärken und Schwächen des AHP sind Gegenstand einer anhaltenden Debatte in der Literatur. Aus anwendungsorientierter Sicht weist der AHP gegenüber anderen Methoden vor allem zwei Vorteile auf. Erstens ermöglicht das **Berechnen von Konsistenzmaßen**, die Ergebnisqualität besser einzuschätzen und diese gegebenenfalls gezielt zu verbessern. Zweitens zeichnet sich der AHP dadurch aus, dass für alle Paarvergleiche eine vorgegebene, einheitliche Ratingskala verwendet wird. Dies verringert den Untersuchungsaufwand im Vergleich zu den anderen Verfahren, welche die Umrechnung empirischer Eingangsdaten durch individuelle Nutzenfunktionen erfordern. Durch den **ausschließlichen Gebrauch von Ratingskalen** entfallen außerdem eine Vor-Ort-Erhebung und eine möglicherweise schwierige Messung der Eingangsdaten. Auf der anderen Seite wird die Anwendungsmöglichkeit des AHP bei Standortanalysen durch den Einsatz paarweiser Vergleiche gemindert. Sie verringern zwar die Komplexität der Präferenzurteile, weil immer nur zwei Elemente verglichen werden müssen, sind aber mit einem **hohen Zeitaufwand** verbunden (OSSADNIK 1998). Wie bereits dargestellt, beträgt die bei n Kriterien benötigte Anzahl an Paarvergleichen (n · n – n)/2. Wenn also beispielsweise zehn Elemente betrachtet werden sollen, sind bereits (10 · 10 – 10)/2 = 45 Paarvergleiche erforderlich. Für komplexe Entscheidungen, die sich auf die (mehrstufige) Betrachtung einer Vielzahl von Standortalternativen und -eigenschaften beziehen, ist der AHP deshalb in seiner Basisversion ungeeignet. Eine Möglichkeit zum Überwinden dieser Problematik wird im nächsten Abschnitt vorgestellt. Darüber hinaus wurden, neben der bereits oben erwähnten Kritik an der ursprünglichen verwendeten Bewertungsskala und der Aggregation mit der Eigenvektormethode, große **Zweifel über die logischen Grundlagen** des AHP geäußert (SMITH/WINTERFELDT 2004). Hierbei hat besonders das sogenannte „Rangverdreher"-Phänomen (Rank Reversal) Ablehnung gegenüber dem AHP hervorgerufen (DYER 1990): Wenn eine neue Alternative zu einer Liste von bereits bewerteten Optionen hinzugefügt wird, besteht die Möglichkeit, dass sich die ursprüngliche Reihenfolge zwischen „alten" Alternativen verändert. Dies wird von vielen Seiten als unvereinbar mit einer rationalen Evaluation von Alternativen angesehen und stellt somit die dem AHP zugrunde liegende Logik infrage. Allerdings kann diese Problematik durch das Verwenden einer multiplikativen Aggregationsmethode reduziert werden (TRIANTAPHYLLOU 2001). Wenn bei einer Standortanalyse möglicherweise nachträglich zusätzliche Alternativen untersucht werden sollen, ist daher die RGM-Aggregation zu bevorzugen (LESKINEN 2000).

Rank Reversal

6.4.2.2 Vereinfachende Variante

Prinzip Wegen der meist großen Anzahl an Einflussfaktoren, die bei Standortentscheidungen eine Rolle spielen, kann es mühevoll sein, für jedes Kriterium und jede Alternative einen Paarvergleich durchzuführen. In solchen Entscheidungssituationen bietet es sich an, vom herkömmlichen AHP-Ansatz abzuweichen und teilweise direkte Einschätzungen zu verwenden (SAATY/VARGAS 2001). Zudem kann es in manchen Fällen aus inhaltlicher Sicht durchaus auch einfacher ein, Elemente einzeln zu beurteilen, anstatt sie miteinander vergleichen zu müssen (TAM/TUMMALA 2001). Als positiver Nebeneffekt wird bei der unten erläuterten Variante außerdem das Rank-Reversal-Problem des AHP-Basismodells beseitigt (SAATY 1986b). Für den **Einsatz absoluter Urteile im Rahmen von AHP-Studien** wurden von SAATY (1986a; 1986b), LIBERATORE (1987) und LIBERATORE et al. (1992) Skalen vorgeschlagen, aus denen sich Näherungswerte für Paarvergleiche ableiten lassen. Das Anwenden dieses **Verfahrens der erwarteten Prioritä-**

EP-Regel

ten (**E**xpected **P**riority Approach, **EP**) bei räumlichen Entscheidungsproblemen zeigen beispielsweise BADRI (1999) und ATTHIRAWONG/MACCARTHY (2002).

EP-Skala   **Verfahren**   LIBERATORE (1987) schlägt eine **feste fünfstufige Ratingskala** mit den Stufen *überragend* (*outstanding*, O), *gut* (*good*, G), *mittelmäßig* (*average*, A), *ausreichend* (*fair*, F) und *schwach* (*poor*, P) vor. Aus den numerischen Werten für Paarvergleiche zwischen diesen Skalenstufen kann, analog zum herkömmlichen AHP-Ansatz eine Paarvergleichsmatrix erstellt werden (Tab. 47):

Tab. 47: EP-Skala – Scoring-Tabelle

	Paarvergleichsmatrix					Gesamt-wert (RGM)	EP (w bzw. u)
	O	G	A	F	P		
O	1	3	5	7	9	3,9	51,0
G	1/3	1	3	5	7	2,0	26,4
A	1/5	1/3	1	3	5	1,0	13,0
F	1/7	1/5	1/3	1	3	0,5	6,4
P	1/9	1/7	1/5	1/3	1	0,3	3,3
					Summe	7,7	

Die ausgeführten Zahlenwerte gehen auf die ganzzahlige AHP-Skala zurück: O ist *etwas wichtiger/besser* als G, *deutlich wichtiger/besser* als A usw. Die Zelleinträge werden ebenfalls wie im normalen AHP-Verfahren, zeilenweise aggregiert – im Beispiel wurde dabei das RGM-Verfahren eingesetzt – und normiert. Die Ergebnisse stellen die Näherungswerte der EP-Skala dar (daher die Bezeichnung *geschätzte Prioritäten*) und werden als numerische Werte für die absoluten Einschätzungen verwendet. Wenn also ein Entscheidungsträger die Bedeutung eines Kriteriums oder die Zielerreichung einer Alternative als *überragend* einstuft, entspricht dies einer erwarteten Priorität von 51 %.

Im Rahmen seiner Auslandsexpansion möchte ein Warenhausunternehmen zwei potenzielle Standorte in verschiedenen Ländern miteinander vergleichen. Znächst wurde ein dreistufiges Zielsystem mit zwölf Messkriterien festgelegt. Um die beiden Investitionsalternativen zu bewerten, wurden die Gewichte der beiden oberen Ebenen (*räumliche Betrachtungsebene* und *Ziele*) von den Geschäftsführern durch AHP-Paarvergleiche ermittelt. Das Berechnen der lokalen Gewichte der Kriterien auf der unteren Ebene *(Standortfaktor)* hätte jedoch (12 · 12 – 12)/2 = 66 Paarvergleiche erfordert, sodass hierfür das EP-Verfahren eingesetzt werden soll, sodass lediglich zwölf Urteile notwendig sind. *Standortfaktor* A_1 wurde von den Entscheidungsträgern als *überragend wichtig* eingestuft und erhält damit ein Rohgewicht von 51 %. Die Bedeutung von A_2 wird dagegen nur als *ausreichend* bewertet, was einem EP-Skalenwert von 6,4 % entspricht. Durch das Dividieren mit ihrer Summe normalisiert, betragen das lokale Gewicht von Standortfaktor A_1 89,1 % und die Priorität von A_2 lediglich 10,9 %. Folgende Übersicht listet die Gewichte aller Hierarchieelemente auf (Tab. 48):

Tab. 48: Gewichten mit der EP-Regel

obere Hierarchieebene		mittlere Hierarchieebene		untere Hierarchieebene		
Betrachtungs-ebene	lokales Gewicht	Ziele	lokales Gewicht	Standort-faktor	lokales Gewicht	globales Gewicht
Makrostandort	56,5	politisch	58,2	A1	89,1	29,3
				A2	10,9	3,6
		ökonomisch	30,9	B1	40,1	7,0
				B2	19,8	3,5
				B3	40,1	7,0
		demographisch	10,9	C1	50,0	3,1
				C2	50,0	3,1
Mikrostandort	43,5	baulich	52,4	D1	27,9	6,4
				D2	15,0	3,4
				D3	57,1	13,0
		funktional	47,6	E1	88,5	18,3
				E2	11,5	2,4

Die globalen Gewichte der Subkriterien leiten sich durch das Multiplizieren mit den lokalen Gewichten aller übergeordneten Hierarchieelemente einer Zielkette ab (Kap. 4.1). Für die *Standortfaktoren* ergeben sich somit beispielsweise globale Gewichte zwischen 3,6 % (A2) und 29,3 % (A1).

Im zweiten Schritt werden die Entscheidungsträger gebeten, die beiden Standortalternativen bezüglich der einzelnen Messkriterien auf der EP-Skala (Tab. 47) zu bewerten. Jede Einschätzung wird in den entsprechenden numerischen Wert der EP-Skala überführt (Tab. 49):

Tab. 49: Bewerten mit der EP-Regel

Hierarchieelemente		globales Gewicht	Standort A		Standort B	
			Wert	Ergebnis	Wert	Ergebnis
Makrostandort						
politisch	A1	29,3	O = 51,0	14,94	O = 51,0	14,94
	A2	3,6	A = 13,0	0,47	G = 26,4	0,95
ökonomisch	B1	7,0	A = 13,0	0,91	O = 51,0	3,57
	B2	3,5	P = 3,3	0,12	G = 26,4	0,92
	B3	7,0	F = 6,4	0,45	A = 13,0	0,91
demographisch	C1	3,1	G = 26,4	0,82	P = 3,3	0,10
	C2	3,1	A = 13,0	0,40	F = 6,4	0,20
Mikrostandort						
baulich	D1	6,4	O = 51,0	3,26	G = 26,4	1,69
	D2	3,4	A = 13,0	0,44	A = 13,0	0,44
	D3	13,0	F = 6,4	0,83	G = 26,4	3,43
funktional	E1	18,3	G = 26,4	4,83	F = 6,4	1,17
	E2	2,4	A = 13,0	0,63	P = 3,3	0,08
		Gesamtwert	**27,79**		**28,41**	
		Priorität (normalisierter Gesamtwert)	**49**		**51**	

Aus der Aggregation der gewichteten Bewertungen wird für beide Standorte ein Gesamtwert abgeleitet. Die Übersicht in Tab. 49, eine „umgedrehte" Entscheidungsmatrix, macht klar, dass Standort A mit einer erwarteten Priorität von 51 % gegenüber Standort B (49 %) nur unwesentlich überlegen ist. Damit drängt sich eine neutrale Handlungsempfehlung auf: Anhand der Analyseergebnisse wäre es gleichgültig, welche Alternative gewählt wird.

Anwendung SAATY/VARGAS (2001) schlagen vor, bei komplexen Problemstellungen mit der EP-Variante eine **Grobselektion** vorzunehmen und lediglich die in der Endauswahl verbleibenden Alternativen durch Paarvergleiche mit der AHP-Skala eingehend zu bewerten, sodass die einzelnen Analysephasen ein vergleichbares Rahmenwerk durchlaufen.

6.4.3 Outranking- und Prävalenzmethoden

Prinzip Outrankingmethoden *(Méthodes de Surclassement)*, oft auch als Prävalenzmethoden bezeichnet, bilden eine weitere Gruppe von Entscheidungsregeln, die sich für Standortanalysen anbieten. Diese Regeln, die auf die Arbeiten von BENAYOUN et al. (1966) und ROY (1968) zurückreichen, basieren auf der Grundannahme, dass Entscheidungsträger wegen ihrer begrenzten Wahrnehmungsfähigkeit und mangelnden Information oft nicht in der Lage sind, zwischen Alternativen eindeutig zu unterscheiden (OSSADNIK 1998). Um solche Situationen abzubilden, erweitern diese Methoden die Alternativeneinschätzung – die bei den kompensatorischen Verfahrensgruppen entweder als Empfehlung, d.h. als *strenge Präferenz* für eine *(eindeutig bessere)* Alternative, oder neutral *(gleich gut)* ausfällt – um die Situation der *schwachen Präferenz* (ZIMMERMANN/GUTSCHE 1991). Dafür hat sich

*Outranking,
Begriff*
die Bezeichnung **Outranking** *(ausrangieren,* im Sinne von *im Rang besser stehen)* etabliert. Eine schwache Präferenz liegt für eine Alternative A vor, wenn diese mindestens so gut wie *eine* andere Option B anzusehen ist (MOUSSEAU et al. 2000).

Die Outrankingverfahren unterscheiden sich in formaler Hinsicht von den kompensatorischen Ansätzen insofern, als dass es keine gewöhnliche

*Indirekte
Aggregation*
Aggregationsfunktion gibt. Vielmehr weisen die Verfahren jedem Kriterium Schwellenwerte zu, welche die graduelle Bereitschaft *(Konkordanz)* oder den Widerstand *(Diskordanz)* der Entscheidungsträger zur Kompensation wiedergeben. Um Outrankingbeziehungen zu berechnen, werden Paarvergleiche zwischen den Alternativen durchgeführt. Für jede Alternative wird ein Konkordanzwert berechnet, der alle Kriterien beinhaltet, bei denen eine Alternative nicht schlechter ist als die andere. Der Diskordanzwert besteht dagegen aus allen Kriterien, bei denen eine Alternative unterlegen ist.

*Outranking,
Beziehung*
Eine Outrankingbeziehung muss zwei Bedingungen erfüllen: Erstens muss Alternative A die andere Option B bezüglich einer als ausreichend angesehenen Anzahl von Kriterien übertreffen *(Konkordanzbedingung)*. Zweitens darf Alternative A gegenüber B gleichzeitig bei keinem Kriterium eine erheblich unterlegene Leistung aufweisen *(Nicht-Diskordanzbedingung)*. Dabei können Gewichtungsregeln genutzt werden, um einigen Kriterien

mehr Einfluss zuzuordnen als anderen. Das Hauptziel der Outranking-Regeln besteht darin, unterlegene Alternativen anhand vorgegebener Grenzwerte auszuschließen.

In einem weiteren Schritt lassen sich die merkmalsweise ermittelten Konkordanzen und Diskordanzen zu einem als **Prävalenz** *(Vorherrschen)* bezeichneten Gesamtmaß für die Vorteilhaftigkeit einer Alternative verbinden: Bei den sogenannten Prävalenzmethoden werden alle Alternativen dahingehend untersucht, in welchem Ausmaß sie ausreichend **Outranking bezüglich der ganzen Gruppe an zu untersuchenden Optionen** vorweisen, sodass eine Alternativenrangfolge erstellt werden kann. Der Prävalenzwert stellt somit den zahlenmäßigen Ausdruck des Zustimmungsgrads für die Hypothese dar, dass die betrachtete Alternative A *nicht schlechter als alle anderen untersuchten Optionen* (B, C, D, …) anzusehen ist. Generell ist diejenige Alternative mit der höchsten Konkordanz und der niedrigsten Diskordanz zu wählen. Die einzelnen Varianten unterscheiden sich hinsichtlich der genauen Berechnung der Analyseparameter. Eine Übersicht über die Gruppe der Prävalenzmethoden findet sich beispielsweise bei Vincke (1992); Figueira et al. (2005) oder Martel/Matarazzo (2005). Im Folgenden werden mit ELECTRE und PROMETHEE die zwei Hauptansätze vorgestellt.

Prävalenz

6.4.3.1 Outranking

Verfahren Das Outrankingverfahren **ELECTRE** (**El**imination **e**t **C**hoice **T**ranslation **Re**alité) hat seit den 1960er-Jahren große Aufmerksamkeit und mehrere Weiterentwicklungen erfahren, u. a. zur Berechnung der Prävalenz (Roy 1990). Eine beispielhafte Anwendung von ELECTRE-Verfahren bei einem räumlichen Entscheidungsproblem zeigen Eiselt et al. (1998). Hier soll die Vorgehensweise, wie sich mit dem Outrankingprinzip eine Vorauswahl an zu bevorzugenden Alternativen abgrenzen lässt, dargestellt werden.

ELECTRE-Regel

Als Erstes wird für jedes Alternativenpaar jeweils ein Konkordanz- und ein Diskordanzindex erstellt. Der **Konkordanzindex** C(A, B) bietet ein Maß zur Abschätzung der Vorteilhaftigkeit einer Alternative A im Verhältnis zu Alternative B (Olson 1996). Bei der Grundversion ELECTRE I wird hierfür die Summe derjenigen Kriteriengewichte, bei denen die jeweilige Alternative nicht schlechter ist als die andere, im Verhältnis zur Gesamtsumme aller Kriteriengewichte gesetzt: $C(A, B) = \dfrac{\sum (W^+ + 0.5 \cdot W^=)}{\sum (W^+ + W^= + W^-)}$. Ist A im Vergleich zu B bei einem Kriterium überlegen, geht dieses Kriterium mit vollem Gewicht in den Konkordanzindex C(A, B) ein: W^+ ist die Summe an Kriteriengewichten, bei denen A gegenüber B überlegen ist. Wenn sich A und B bei einem Kriterium gleichen, so wird lediglich das halbe Kriteriumsgewicht angerechnet: $W^=$ ist die Summe an Kriteriengewichten, bei denen die Alternativen als gleichwertig einzustufen sind. Dieser Betrag wird schließlich durch eine Division mit der Summe aller Kriteriengewichte – W^- ist die Summe an Kriteriengewichten, bei denen A unterlegen ist – normiert.

Konkordanzindex

Der **Diskordanzindex** stellt ein Maß des relativen Nachteils der Alternative A im Vergleich zur Option B dar. Der Diskordanzwert D(A, B) repräsentiert den Maximalwert, der sich aus der Differenz der Zielerreichungsgrade der Kriterien (k), bei denen A gegenüber B unterlegen ist, er-

Diskordanzindex

gibt. Dieser wird im jeweiligen Verhältnis zur größten Differenz betrachtet, die bei diesem Kriterium zwischen zwei beliebigen Wahlmöglichkeiten besteht: $D(A, B) = \text{Max } \dfrac{Z_{Bk} - Z_{Ak}}{Z_{k_k}^* - Z_k^-}$; für alle Kriterien k, bei denen B > A, wobei $Z_{k_k}^*$ die optimale Ausprägung des Kriteriums k und Z_k^- die schlechteste Form des Kriteriums k wiedergibt, die bei allen untersuchten Alternativen in Erscheinung tritt.

Präferenzintensität

Um zu unterscheiden, ab wann eine Alternative der anderen überlegen ist, muss man im Rahmen von ELECTRE im Gegensatz zu den kompensatorischen Verfahrensgruppen MAUT und AHP für jedes Kriterium zusätzliche Präferenzinformationen bereitstellen, die als Grenzwerte zur Interpretation der Outrankingmaße dienen (BAMBERG/COENENBERG 2004):

- eine **Präferenzschwelle** (*Konkordanzgrenze*, p), die angibt, ab wann eine Alternative *eindeutig besser* als eine andere ist;
- eine **Vetoschwelle** (*Diskordanzgrenze*, q), die festlegt, ab wann der Zielerreichungsgrad einer Alternative *erheblich schlechter* als der einer anderen ist.

Die Schwellenwerte der Präferenzintensität werden entweder von den Entscheidungsträgern direkt festgelegt oder rechnerisch abgeleitet, indem man beispielsweise feste Abstände von den Durchschnittswerten aller Indices bestimmt.

Unter Verwendung der Schwellenwerte lässt sich eine **Outrankingbeziehung** (*Surclassement*, S) berechnen, welche das Ausmaß der Präferenz für eine Alternative gegenüber einer anderen wiedergibt. Bei ELECTRE I liegt eine Outrankingbeziehung von A gegenüber B vor, wenn die Überlegenheit bei mindestens einem Kriterium die Präferenzschwelle erreicht und gleichzeitig bei keinem Kriterium die Vetoschwelle überschritten wird. Dies führt als Endergebnis der ELECTRE-Analyse zum Ausschluss unterlegener Alternativen.

Eine internationale Hotelkette hat einen allgemeinen Kriterienkatalog für die Standortwahl eingeführt *(Site Selection Considerations)*. Eine wichtige Rolle spielen dabei neben dem *Bodenpreis*, die *Anzahl der Hotelbetten*, die nach den firmeneigenen Baustandards erstellt werden können. Daneben werden auch qualitative Einschätzungen bezüglich der *Erreichbarkeit* und des *Umfelds*, d. h seiner Reputation und Beschaffenheit berücksichtigt. Diese beiden Standortfaktoren sind jeweils auf fünfstufigen Skalen (von *sehr schlecht, schlecht, mittel, gut* bis *sehr gut*) eingestuft. Die Anwendung von ELECTRE I soll anhand folgender Eingangsdaten illustriert werden (Tab. 50):

Tab. 50: ELECTRE – Ergebnismatrix

	Bodenpreis	**Betten**	**Erreichbarkeit**	**Umfeld**
Standort A	4 €/m^2	600	sehr schlecht	**
Standort B	10 €/m^2	1400	sehr gut	*****
Standort C	6 €/m^2	400	gut	****
Standort D	6 €/m^2	400	mittel	***
Standort E	7 €/m^2	800	gut	*****

Die Einträge der Ergebnismatrix werden so normiert, dass die Nutzenwerte lokal skaliert sind (Kap. 3.4.2). So erhält beispielsweise beim Kostenmerkmal *Bodenpreis* der höchste Messwert (10 €/m^2) einen Nutzenwert von 0 und der Minimalwert (4 €/m^2) einen Nutzenwert von 1. Jetzt wird für die dazwischenliegenden Werte der anderen Alternativen die Differenz zum absoluten Wert von Z_k^- (hier 10 €/m^2) berechnet und durch die Division zur maximalen Differenz (also 10 €/m^2 – 4 €/m^2 = 6 €/m^2) standardisiert. Für Standort C ergibt sich somit ein normierter Nutzenwert von (10 €/m^2 – 6 €/m^2)/(6 €/m^2) = 0,67 %. Auf diese Weise wird folgende Entscheidungsmatrix erstellt (Tab. 51).

Tab. 51: ELECTRE – Entscheidungsmatrix

	Bodenpreis	**Betten**	**Erreichbarkeit**	**Umfeld**
Standort A	100	20	0	0
Standort B	0	100	100	100
Standort C	67	0	25	67
Standort D	67	0	50	33
Standort E	50	40	25	100

Nun lassen sich anhand der oben aufgeführten Regel von ELECTRE I für alle Alternativenbeziehungen ein Konkordanzindex ermitteln. Danach wird lediglich unterschieden, ob eine Alternative im Paarvergleich besser, gleich oder schlechter abschneidet. In diesem Beispiel wird vereinfachend für die vier Kriterien eine uniforme Gewichtung von 0,25 angenommen, sodass der Nenner einen Wert von 1 einnimmt. Aus der Entscheidungsmatrix geht hervor, dass Standort A gegenüber Alternative B beim Kriterium *Bodenpreis* überlegen ist und bei den anderen drei Merkmalen schlechtere Werte erreicht. Somit ergibt sich folgender Konkordanzindex: C(A, B) = 0,25 · (1) + 0,25 · (0) + 0,25 · (0) + 0,25 · (0) = 25 %. Die Umkehrbeziehung C(B, A) erreicht einen Wert von 1 – 0,25 = 75 %. Analog dazu werden die restlichen Konkordanzindices berechnet und in einer Konkordanzmatrix aufgelistet (Tab. 52):

Tab. 52: ELECTRE – Konkordanzmatrix

	A	**B**	**C**	**D**	**E**
Standort A	–	25	50	50	25
Standort B	75	–	750	75	62,5
Standort C	50	25	–	50	37,5
Standort D	50	25	50	–	50
Standort E	75	37,5	62,5	50	–

Als Nächstes werden die Diskordanzindices gemäß der oben dargestellten Formel berechnet. So nimmt beispielsweise die Diskordanz der Alternative A gegenüber B (wegen der Kriterien *Erreichbarkeit* und *Umfeld*) einen Wert von D(A, B) = (1 – 0)/(1 – 0) = 1 ein. Auch die Diskordanzen werden in einer Matrix zusammengeführt (Tab. 53).

Tab. 53: ELECTRE – Diskordanzmatrix

	A	**B**	**C**	**D**	**E**
Standort A	–	1	0,67	0,50	1
Standort B	1	–	0,67	0,67	0,50
Standort C	0,33	1	–	0,25	0,40
Standort D	0,33	1	0,34	–	0,67
Standort E	0,50	0,75	0,17	0,25	–

Der nächste Schritt besteht darin, die Alternativen auf Outrankingbeziehungen zu untersuchen. Für die Intepretation der Konkordanz- und Diskordanzwerte werden die Schwellenwerte p und q benötigt. In diesem Beispiel nehmen wir für alle Kriterien einheitliche Werte von p = q = 0,6 an. Bei ELECTRE I liegt eine Outrankingbeziehung von A gegenüber B vor, wenn die Überlegenheit bei mindestens einem Kriterium die Präferenzschwelle erreicht, d.h. C(A, B) ≥ 0,6 und gleichzeitig bei keinem Kriterium die Vetoschwelle überschritten wird (d.h. D(A, B) ≤ 0,6). Aus der Konkordanzmatrix (Tab. 52) geht hervor, dass A gegenüber keiner Alternative die Präferenzschwelle p = 0,6 erreicht. Aus der Diskordanzmatrix (Tab. 53) lässt sich entnehmen, dass Alternative A keine andere Alternative dominiert. Daher wird nun Alternative B betrachtet. Dieser Standort erreicht zwar gegenüber allen Optionen die Präferenzschwelle, aber nur bei Alternative E wird auch die Vetoschwelle eingehalten. Damit ist die erste Outrankingbeziehung ermittelt: B > E. Bei den Standorten C und D liegt kein Outranking gegenüber den anderen Alternativen vor. Standort E erfüllt zwar die Präferenz- und Vetoschwellen gegenüber A und C, wird aber, wie bereits festgestellt wurde, selbst von B dominiert. Damit können als Ergebnis der ELECTRE-Analyse die dominierten Alternativen A, C und E ausgeschlossen werden. Die verbleibenden Alternativen B und D werden entweder den Entscheidungsträgern als akzeptable Lösungen präsentiert oder mithilfe von anderen Methoden, z. B. mit ELECTRE II, vertieft auf Prävalenz untersucht.

6.4.3.2 Prävalenz

PROMETHEE-Regel

Verfahren   Neben ELECTRE hat sich vor allem das vom Entwickler BRANS (1982) als **PROMETHEE** (**P**reference **R**anking **O**rganisation **Meth**od for **E**nrichement **E**valuations) bezeichnete Verfahren in der Wirtschaftspraxis bewährt (PARREIRAS/VASCONCELOS 2007). Die folgenden Ausführungen zeigt die von BRANS/VINCKE (1985) vorgeschlagene Variante PROMETHEE II, die als Prävalenzmethode eine vollständige Rangfolge der Alternativen erlaubt. Einen Einsatz bei räumlichen Problemstellungen zeigen HOKKANEN/SALMINEN (1997).

Präferenzfunktion

PROMETHEE benötigt – ähnlich wie ELECTRE – für jedes Kriterium zusätzliche Informationen zur Intensität der Präferenz, um die Alternativen in Paarvergleichen zu unterscheiden. Hierfür wird als Erstes für jedes Kriterium eine **Präferenzfunktion** mittels der Parameter (p, q, s) festgelegt. Die **Untergrenze der Präferenz (p)** ist die niedrigste Differenz zweier Alternativen, die für eine Überlegenheit als ausreichend erachtet wird. Die **Obergrenze der Indifferenz (q)** repräsentiert den Grenzwert, bis zu dem die Differenz vom

Entscheidungsträger als unbedeutend angesehen wird. Somit ergibt sich für jedes Kriterium eine **schwache Präferenz**, die den Bereich zwischen p und q umfasst. Als Sonderfall einer nicht linearen Präferenzfunktion spielt noch ihr **Wendepunkt** eine Rolle, der sich durch einen aus der Standardabweichung (s) von q und p abgeleiteten Näherungswert (σ) abbilden lässt.

Bei der Ableitung von normierten Werten für die Präferenzintensität P(d) lassen sich sechs verschiedene Kriterienarten unterscheiden (BRANS/MARESCHAL 2005). Die Variable d beschreibt die Nutzen- bzw. Wertedifferenz (d) zweier Alternativen, d h. ein Wert von $d \leq 0$ bedeutet, dass die betrachtete Alternative *indifferent* oder *schlechter* abschneidet und umgekehrt bedeutet $d > 0$, dass sie *besser* als eine andere ist (Tab. 54):

Tab. 54: Kriterientypen in PROMETHEE

Kriterium		benötigte Parameter	Bewertung P(d)	Bedingung	Präferenzfunktion
I	gewöhnliches Kriterium	–	0 1	$d \leq 0$ $d > 0$	ordinal
II	Quasi-Kriterium	q	0 1	$d \leq q$ $d > q$	Stufenvorteil
III	Kriterium mit linearer Präferenz	p	0 d/p 1	$d \leq 0$ $0 \leq d \leq p$ $d > q$	proportional (innerhalb bestimmter Bandbreite)
IV	Stufen-Kriterium	p und q	0 0,5 1	$d \leq q$ $q < d \leq p$ $d > p$	dreistufig
V	Kriterium mit linearer Präferenz und Indifferenzbereich	p und q	0 $(d - q)/(p - q)$ 1	$d \leq q$ $q < d \leq p$ $d > p$	proportional mit Indifferenzbereich
VI	Gauß'sches Kriterium (nicht lineare Präferenz)	s (σ)	0 $1 - e^{-d^2/2\sigma^2}$	$d \leq 0$ $d > 0$	normalverteilt

Mithilfe der Präferenzfunktionen können die **kriterienspezifischen Präferenzintensitäten**, d. h. die Wert- bzw. Nutzendifferenzen für alle Alternativenpaare bewertet werden. Beim *gewöhnlichen Kriterium* (Typ I) liegt nur dann Indifferenz vor, wenn zwischen den Alternativenwerten kein Unterschied besteht. Beim *Quasikriterium* (Typ II) liegt Indifferenz so lange vor, bis der Wertunterschied den Schwellenwert q übersteigt. Beim *Kriterium mit linearer Präferenz* (Typ III) variiert der Präferenzwert linear analog zur Wertedifferenz zwischen 0 und p. Wenn eine Differenz den Schwellenwert p übersteigt, dann ist strikte Präferenz für die überlegene Alternative vorhanden. Beim *Stufenkriterium* (Typ IV) werden sowohl Schwellenwerte für die Indifferenz (q) als auch für die Präferenz (p) berücksichtigt. Wenn die Wertedifferenz unterhalb von q liegt, dann liegt Indifferenz vor; im Bereich oberhalb von q bis einschließlich p wird eine schwache Präferenz p(d) = 0,5 angenommen und überhalb von p besteht strikte Präferenz. Auch bei einem Kriterium mit linearer Präferenz und *Indifferenzbereich* (Typ V) werden zwei Schwellenwerte berücksichtigt, wobei die Präferenz im Bereich zwischen q und p linear mit der Wertdifferenz zunimmt. Bei einem *Gauß'schen Kriterium* (Typ VI) ist die Standardabweichung (σ) zu bestimmen, deren Wert dem Abstand zwischen Ursprung und Wendepunkt der Präferenzfunktion entspricht. Die Präferenz nimmt mit der Wertedifferenz zu, wie es die oben aufgeführte Formel (Euler'sche Zahl e = 2,718) zum Ausdruck bringt.

Wenn anhand der Präferenzfunktionen alle Alternativen paarweise verglichen sind, lassen sich die **Outrankingbeziehungen** ableiten. Das Gesamtmaß der Überlegenheit einer Alternative A gegenüber einer anderen Wahlmöglichkeit B ergibt sich aus dem **Präferenzindex** Π, der dem gewichteten Wert aller kriterienspezifischen Präferenzintensitäten P(d) entspricht:

$$\Pi(A, B) = \frac{\sum\limits_{i=1}^{n} w_i \cdot P_i(d)}{\sum\limits_{i=1}^{n} w_i}.$$ Für die Kriteriengewichtung (w) kann eine beliebige

Gewichtungsregel verwendet werden.

Anhand einer Auswertung der Präferenzindices lassen sich für jede Alternative zwei Flussgrößen berechnen. Zum einen der als **Ausgangsfluss** (Outgoing Flow) $\Phi^+(a)$ bezeichnete Durchschnittswert der Präferenzintensitäten einer Alternative A gegenüber allen anderen Alternativen. Der Ausgangsfluss gibt folglich wider, in welchem Ausmaß eine Alternative gegenüber allen anderen Alternativen präferiert wird: Je höher $\Phi^+(a)$, desto mehr dominiert A die anderen Optionen und desto vorziehenswürdiger ist dieser Standort. Zum anderen wird die durchschnittliche Präferenzintensität aller anderen Alternativen gegenüber A als **Eingangsfluss** (Incoming Flow) $\Phi^-(a)$ bezeichnet. Der Eingangsfluss sagt somit aus, inwieweit eine Alternative durch die anderen dominiert wird: Je höher sein Wert ausfällt, desto größer ist die Dominanz durch die anderen Alternativen.

Aus der als **Netto-Fluss** (Net Flow) bezeichneten Differenz zwischen den Ausgangs- und Eingangsflüssen einer Alternative ergeben sich als Endergebnis der PROMETHEE-Analyse die **Prävalenzwerte**: $\Phi(a) = \Phi^+(a) - \Phi^-(a)$. Der Prävalenzwert gestattet eine Einschätzung der relativen Vorteilhaftigkeit: Eine Alternative wird einer anderen vorgezogen, wenn ihre Ausgangsflüsse größer und außerdem die Eingangsflüsse höchstens gleich groß sind. In formaler Sicht liegt eine Outrankingbeziehung von A gegenüber B vor, wenn $\Phi(a) > \Phi(b)$. Und A ist indifferent zu B, wenn die Beziehung $\Phi(a) = \Phi(b)$ vorliegt. Abschließend können die Prävalenzwerte aller Alternativen genutzt werden, um eine Rangordnung zu erstellen.

Das PROMETHEE-Verfahren wird anhand der Daten der Ergebnismatrix (Tab. 50) des vorangegangenen Kapitels dargestellt. Die vier Standortfaktoren werden nun einem Kriteriumstyp zugeordnet und gewichtet; außerdem werden für jedes Kriterium folgende Grenzwerte p und q festgelegt (Tab. 55):

Tab. 55: PROMETHEE – Definition der Kriterien

Ziel	Kriteriumstyp	Parameter	Gewicht
Bodenpreis	III	p = 3	0,5
Betten	V	p = 500 q = 150	0,1
Erreichbarkeit	I	–	0,2
Umfeld	IV	p = *** q = **	0,2

Damit können die kriterienspezifischen Nutzendifferenzen der Alternativenpaare berechnet werden. Aus der Übersicht geht hervor, dass das Kostenkriterium *Bodenpreis* als Kriteriumstyp III eingestuft wird. Dies bedeutet, dass eine Alternative, welche höhere Kosten als eine andere aufweist (d. h. $d \leq 0$), einen Nutzenwert von 0 erhält (Tab. 54). Wenn die Grundstückskosten einer Alternative im Vergleich mindestens 3 €/m² weniger betragen und somit die Präferenzschwelle p erreichen, entspricht der Nutzen einem Wert von 1. Alternativen, deren Merkmalsausprägungen im Zwischenbereich liegen, erhalten einen normierten Nutzenwert von d/p. (Tab. 54). Die Ergebnisse der Paarvergleiche sind in folgender, als Präferenzmatrix bezeichneten Tabelle aufgeführt (Tab. 56):

Tab. 56: PROMETHEE – Präferenzmatrix für den Standortfaktor *Bodenpreis*

	A	B	C	D	E
Standort A	–	100	67	67	100
Standort B	0	–	0	0	0
Standort C	0	100	–	0	33
Standort D	0	100	0	–	33
Standort E	0	100	0	0	–

Standort A hat niedrigere Grundstückskosten als alle anderen. Im Vergleich zu den Optionen B und E beträgt die Differenz mindestens 3 €/m², sodass hierfür ein Nutzenwert von 1 vergeben wird. Im Vergleich zu den Standorten B und C besteht jeweils eine Differenz von 2 €/m², woraus sich ein Nutzenwert von 2/3 = 67 % ergibt.

Für das Ziel einer möglichst großen Übernachtungskapazität *(Betten)* wird Kriteriumstyp V mit den Parametern p = 500 und q = 150 verwendet (Tab. 55). Weil es sich um kein Extremierungsziel handelt, ist auch die Präferenzfunktion nicht linear steigend (Tab. 54): Größenvorteile machen sich einerseits erst ab einer gewissen Differenz bemerkbar; andererseits ist die an einem Ort realisierbare Nachfrage und damit der Kriteriumsnutzen nach oben hin begrenzt. Für einen Vorteil im Bereich zwischen 150 und 500 Betten ergibt sich der Nutzenwert linear zur Differenz. Wenn die Differenz mehr als 500 Betten beträgt, erhält die entsprechende Alternative einen Nutzenwert von 1, andernfalls wird die Zielerreichung mit 0 bewertet (Tab. 57):

Tab. 57: PROMETHEE – Präferenzmatrix für den Standortfaktor *Betten*

	A	B	C	D	E
Standort A	–	0	14,3	14,3	0
Standort B	100	–	100	100	100
Standort C	0	0	–	0	0
Standort D	0	0	0	–	0
Standort E	14,3	0	71,4	71,4	–

Im Beispiel liegt letztere Situation bei Standort A im Vergleich mit den Alternativen B und E vor. Die Paarvergleiche von A gegenüber C und D ergeben dagegen jeweils eine Differenz von 200 *Betten*, was einem Score von (200 *Betten* – 150 *Betten*)/350 *Betten* = 14,3 % entspricht.

Der Standortfaktor *Erreichbarkeit* ist als Kriteriumstyp I definiert (Tab. 55). Aus der allgemeinen Übersicht (Tab. 54) geht hervor, dass bei diesem Kriteriumstyp keine Schwellenwerte festgelegt werden, sodass dieses Kriterium je nachdem, ob es einen Vorteil gibt, entweder mit vollem Gewicht oder gar nicht in den Präferenzindex einer Alternative eingeht (Tab. 59):

Tab. 58: PROMETHEE – Präferenzmatrix für *Erreichbarkeit*

	A	B	C	D	E
Standort A	–	0	0	0	0
Standort B	1	–	1	1	1
Standort C	1	0	–	1	0
Standort D	1	0	0	–	0
Standort E	1	0	0	1	–

Für den Standortfaktor *Umfeld* wird Kriteriumstyp IV verwendet (Tab. 55): Gibt es hier für eine Alternative einen relativen Vorteil von mindestens p (∗∗∗), dann entspricht dieser einem hundertprozentigen Zielerreichungsgrad. Bei einer Differenz von ∗∗ liegt diese zwar unterhalb von p, aber auch über q (∗), sodass der Nutzen 0,5 beträgt; im anderen Fall (∗ oder weniger) nimmt er einen Wert von 0 ein (Tab. 55). Folgende Präferenzmatrix zeigt die Werte aller Alternativen (Tab. 59):

Tab. 59: PROMETHEE – Präferenzmatrix für den Standortfaktor *Umfeld*

	A	**B**	**C**	**D**	**E**
Standort A	–	0	0	0	0
Standort B	100	–	50	50	0
Standort C	50	0	–	50	0
Standort D	50	0	0	–	0
Standort E	100	0	50	50	–

Das *Umfeld* von Standort A weist die niedrigste Einschätzung auf und erhält daher keinen Score. Standort B und E haben im Vergleich zu A eine Differenz von mehr als 0,7 und gehen daher mit vollem Wert in den Präferenzindex ein. Der Abstand von C und D liegt im Vergleich zu A zwischen den Schwellenwerten, sodass sie hierfür nur zur Hälfte angerechnet werden.

Im nächsten Schritt werden die berechneten Präferenzintensitäten gewichtet und für jedes Alternativenpaar summiert: $0,5 \cdot$ *(Bodenpreis)* $+ 0,1 \cdot$ *(Betten)* $+ 0,2 \cdot$ *(Erreichbarkeit)* $+ 0,2 \cdot$ *(Umfeld)*. Für Alternative A errechnen sich beispielsweise folgende Präferenzindices (Π):

- Π (a, b) $= 0,5 \cdot (100) + 0,1 \cdot (0) + 0,2 \cdot (0) + 0,2 \cdot (0) = 50\%$;
- Π (a, c) $= 0,5 \cdot (67) + 0,1 \cdot (14,3) + 0,2 \cdot (0) + 0,2 \cdot (0) = 34,9\%$;
- Π (a, d) $= 0,5 \cdot (67) + 0,1 \cdot (14,3) + 0,2 \cdot (0) + 0,2 \cdot (0) = 34,9\%$ und
- Π (a, e) $= 0,5 \cdot (100) + 0,1 \cdot (0) + 0,2 \cdot (0) + 0,2 \cdot (0) = 50\%$.

Diese Werte werden für alle Alternativenpaare berechnet und in einer aggregierten Präferenzmatrix dargestellt (Tab. 60):

Tab. 60: PROMETHEE – aggregierte Präferenzmatrix

	A	**B**	**C**	**D**	**E**	**Φ^+**
Standort A	–	50,0	34,9	34,9	50,0	42,5
Standort B	50,0	–	40,0	40,0	30,0	40,0
Standort C	30,0	50,0	–	30,0	16,5	31,6
Standort D	30,0	50,0	0	–	16,5	24,1
Standort E	44,3	50,0	17,1	37,1	–	37,1
Eingangsfluss Φ^-	38,6	50,0	23,0	35,5	28,3	

Die aggregierte Präferenzmatrix ermöglicht das Kalkulieren der Prävalenzwerte: Der **Zeilendurchschnittswert ergibt den Ausgangsfluss** (Φ^+), der **Spaltendurchschnittswert den Eingangsfluss** (Φ^-) der Alternativen. Der Nettofluss von Standort A ist dann also beispielsweise: $\Phi(a) = 42,5\% - 38,6\% = 3,9\%$. Folgende Übersicht zeigt die Präferenzordnung, die sich als Ergebnis der PROMETHEE-Analyse auf der Basis der Prävalenzwerte ableiten lässt (Tab. 61):

Tab. 61: PROMETHEE – Alternativenrangfolge

Rang	Alternative	Φ^+	Φ^-	Φ
1	**Standort E**	**37,1**	**28,3**	**8,9**
2	Standort C	31,6	23,0	8,6
3	Standort A	42,5	38,6	3,9
4	Standort B	40,0	50,0	-10,0
5	Standort D	24,1	35,5	-11,4

Der Übersicht ist zu entnehmen, dass Standort E insgesamt gegenüber den anderen Alternativen die höchste Prävalenz aufweist und somit zu selektieren ist. Allerdings fällt der Abstand zum Prävalenzwert von Standort C mit Φ(e) – Φ(c) = 0,3 % nicht sehr deutlich aus, sodass hier eine vertiefte Untersuchung denkbar wäre. Auf jeden Fall ausschließen kann man dagegen die Standortalternativen B und D, weil diese negative Werte aufweisen.

Anwendung   Outranking- und Prävalenzmethoden bieten eine Gegenposition zu den anderen dargestellten Methodengruppen. Sie zielen auf ein bestmögliches Ableiten und Ausnutzen von Präferenzinformationen. Die differenzierten Vorgaben, wie Schwellenwerte und Kriterientypen festgesetzt werden sollen, stellen allerdings **hohe Anforderungen an die Entscheidungsträger** dar, was in der Praxis oft nur schwer umzusetzen ist. Insgesamt ist aufgrund der benötigten Präferenzinformationen und des Berechnungsaufwands die Analysekomplexität höher als bei den vereinfachten Varianten der kompensatorischen Methoden MAUT und AHP. Die Anzahl der zu betrachtenden Kriterien und Alternativen sollte daher überschaubar sein, was ihren Einsatz bei der Standortwahl hauptsächlich auf die Phase der **Feinselektion** beschränkt.

Endauswahl

Auf der anderen Seite weist dieser Bewertungsansatz den Vorteil auf, dass er **keine genauen empirischen Messwerte bezüglich der Standortfaktoren erfordert**. Weil statt exakter Messangaben über den Zielerreichungsgrad Wertebereiche für die Präferenz verwendet werden, ist diese Methodengruppe auch in solchen Situationen anwendbar, in denen nur unvollständige oder ungenaue Informationen über die Alternativen vorliegen (ZIMMERMANN/ GUTSCHE 1991): Geringe Unterschiede zwischen Standorten spielen bei ihrer Beurteilung keine Rolle, erst wenn der Abstand einen bestimmten Grenzwert übersteigt, wird eine Alternative als besser angesehen.

Indirekte Nutzenaggregation

In vielen Entscheidungssituationen kann auch die **indirekte Aggregation von Teilnutzenwerten** aus sachlichen Gründen günstig sein. So sind Standortfaktoren oft von so unterschiedlicher Natur, dass es schwer fällt, sie direkt gegeneinander zu verrechnen. Bei den Outrankingmethoden muss man lediglich für jedes Kriterium getrennt die Alternativen paarweise abwägen. Darüber hinaus werden auf diese Weise die methodischen Probleme umgangen, die sich bei einer direkten Zusammenfassung ergeben können, wenn Alternativen auf ordinalen Skalen bewertet sind (FIGUEIRA et al. 2005). Auch die Tatsache, dass sich dabei durch die Vorgabe der Schwellenwerte die **Kompensation einschränken lässt**, kommt den Anforderungen der Standortplanung entgegen, weil bei vielen Entscheidungen die Ausprägungen *einzelner* Standortfakoren von so großer Bedeutung sind, dass sie durch nichts aufgewogen werden können (vgl. Kap. 3.2.4).

Literatur

ADAM, D. (1993): Planung und Entscheidung: Modelle – Ziele – Methoden. 3. Auflage. Wiesbaden: Gabler.

AGUARÓN, J. und J.M. MORENO-JIMÉNEZ (2003): The Geometric Consistency Index: Approximated Thresholds. In: European Journal of Operational Research 147, Heft 1, S. 137–145.

AHN, B.S. und K.S. PARK (2008): Comparing Methods for Multiattribute Decision Making with Ordinal Weights. In: Computers and Operations Research 35, Heft 5, S. 1660–1670.

ANDREWS, D.M. und H.A. DAVID (1990): Nonparametric Analysis of Unbalanced Paired-Comparison or Ranked Data. In: Journal of the American Statistical Association 85, Heft 412, S. 1140–1146.

ATTHIRAWONG, W. und B. MACCARTHY (2002): An Application of the Analytical Hierarchy Process to International Location Decision-Making. In: Centre for International Manufacturing (Hrsg.): Proceedings of the 7th Cambridge Research Symposium on International Manufacturing. Cambridge: Univ. URL: http://wwwmmd.eng.cam.ac.uk/cim/imnet/papers2002/Atthirawong.pdf. Abrufdatum: 3.8.2007.

BADRI, M. (1999): Combining the AHP and GP for Global Facility Location-Allocation Problem. In: International Journal of Production Economics 62, Heft 3, S. 237–248.

BALL, J.N. und V.C. SRINIVASAN (1994): Using the Analytic Hierarchy Process in House Selection. In: The Journal of Real Estate Finance and Economics 9, Heft 1, S. 69–85.

BAMBERG, G. und A.G. COENENBERG (2004): Betriebswirtschaftliche Entscheidungslehre. 12. Auflage. München: Vahlen.

BANA E COSTA, C.A. und J.C. VANSNICK (2007): A Critical Analysis of the Eigenvalue Method Used to Derive Priorities in AHP. In: European Journal of Operational Research 187, Heft 3, S. 1422–1428.

BARRON, F.H. (1992): Selecting a Best Multiattribute Alternative with Partial Information About Attribute Weights. In: Acta Psychologica 80, S. 91–103.

BARRON, F.H. und B.E. BARRETT (1996a): Decision Quality Using Ranked Attribute Weights. In: Management Science 42, Heft 11, S. 1515–1523.

BARRON, F.H. und B.E. BARRETT (1996b): The Efficacy of SMARTER – Simple Multi-Attribute Rating Technique Extended to Ranking. In: Acta Psychologica 93, Heft 1, S. 23–36.

BARRON, F.H. und C.P. SCHMIDT (1988): Sensitivity Analysis of Additive Multiattribute Value Models. In: Operations Research 36, Heft 1, S. 122–127.

BARZILAI, J. (1997): Deriving Weights from Pairwise Comparison Matrices. In: Journal of the Operational Research Society 48, Heft 12, S. 1226–1232.

BARZILAI, J. und F.A. LOOTSMA (1997): Power Relations and Group Aggregation in the Multiplicative AHP and SMART. In: Journal of Multi-Criteria Decision Analysis. 6, Heft 3, S. 155–165.

BECHMANN, A. (1981): Grundlagen der Planungstheorie und Planungsmethodik: eine Darstellung mit Beispielen aus dem Arbeitsfeld der Landschaftsplanung. Bern/Stuttgart: Haupt.

BECKER, W. (2005): Planung, Entscheidung und Kontrolle. 3. Auflage. Bamberg: Univ.

BEHNSEN, J. (1980): Der Nutzwert einer Wohnumwelt. Hannover: Univ. (Dissertation).

BELTON, V. und T.J. STEWART (2002): Multiple Criteria Decision Analysis: An Integrated Approach. Boston/Dordrecht: Kluwer.

BENAYOUN, R.; B. ROY und B. SUSSMAN (1966): ELECTRE: Une Méthode pour Guider le Choix en Présence de Points de Vue Multiples (= SEMA Note de Travail. Band 49). Paris: Direction Scientifique.

BONE-WINKEL, S. (2000): Immobilienportfolio-Management. In: Schulte, K.-W. (Hrsg.): Immobilienökonomie. 2. Auflage. München/Wien: Oldenbourg, S. 765–812.

BORCHERDING, K.; T. EPPEL und D. VON WINTERFELDT (1991): Comparison of Weighting Judgements in Multiattribute Utility Measurement. In: Management Science 37, Heft 12, S. 1603–1619.

BOTTOMLEY, P.A. und J.R. DOYLE (2001): A Comparison of Three Weight Elicitation Methods: Good, Better and Best. In: Omega 29, Heft 6, S. 553–560.

BOUYSSOU, D.; T. MARCHANT; M. PIRLOT; A. TSOUKIÀS und P. VINCKE (2007): Evaluation and Decision Models: Stepping Stones for the Analyst. Dordrecht: Kluwer.

BRANS, J.P. (1982): L'Ingéniérie de la Décision. Elaboration d'Instruments d'Aide à la Décision. Méthode PROMETHEE. In: Nadeau, R. und M. Landry (Hrsg.): L'Aide à la Décision: Nature, Instruments et Perspectives d'Avenir. Laval: Univ., S. 183–214.

BRANS, J.P. und B. MARESCHAL (2005): PROMETHEE Methods. In: Ehrgott, M.; S. Greco und J. Figueira (Hrsg.): Multiple Criteria Decision Analysis: State of the Art Surveys. Berlin/Heidelberg/New York: Springer, S. 163–196.

BRANS, J.P. und P. VINCKE (1985): A Preference Ranking Organization Method: the PROMETHEE Method. In: Management Science 31, Heft 6, S. 647–656.

BRAUCHLIN, E. und R. HEENE (1995): Problemlösungs- und Entscheidungsmethodik: eine Einführung. 4. Auflage. Bern: Haupt.

BROCKFELD, H. (1997): Regionen im Wettbewerb unter dem Gesichtspunkt ihrer Standortqualität – dargestellt am Beispiel der Europäischen Union. München: Univ. (Dissertation).

BROWNLOW, S.A. und S.R. WATSON (1987): Structuring Multi-Attribute Value Hierarchies. In: The Journal of the Operational Research Society 38, Heft 4, S. 309–317.

CHANG, H.H. und W.C. HUANG (2006): Application of a Quantification SWOT Analytical Method. In: Mathematical and Computer Modelling 43, S. 158–169.

CHEBOTAREV, P.Y. (1994): Aggregation of Preferences by the Generalized Row Sum Method. In: Mathematical Social Sciences 27, Heft 3, S. 293–320.

CHU, T. C. (2002): Facility Location Selection Using Fuzzy Topsis Under Group Decisions. In: International Journal of Uncertainty, Fuzziness and Knowledge-Based Systems 10, Heft 6, S. 687–701.

CLARK, C. M. (1958): Brainstorming, the Dynamic New Way to Create Successful Ideas. Garden City: Doubleday.

DAVID, H. A. (1987): Ranking from Unbalanced Paired-Comparison Data. In: Biometrika 74, Heft 2, S. 432–436.

DE BONO, E. (1992): Serious Creativity. New York: Harper Collins.

DINKELBACH, W. (1982): Entscheidungsmodelle. Berlin/New York: de Gruyter.

DOMBI, J.; I. CSANAD und N. VINCZE (2007): Learning Lexicographic Orders. In: European Journal of Operational Research. 183, Heft 2, S. 748–756.

DYER, J. S. (1990): Remarks on the Analytic Hierarchy Process. In: Management Science 36, Heft 3, S. 249–258.

DYER, J. S. und R. K. SARIN (1979): Measurable Multiattribute Value Functions. In: Operations Research 27, Heft 4, S. 810–822.

ECKENRODE, R. T. (1965): Weighting Multiple Criteria. In: Management Science 12, Heft 3, S. 180–192.

EDWARDS, W. (1977): How to Use Multiattribute Utility Measurement for Social Decision Making. In: IEEE Transactions on Systems, Man and Cybernetics 7, Heft 5, S. 326–340.

EDWARDS, W. und F. H. BARRON (1994): SMARTS and SMARTER: Improved Simple Methods for Multiattribute Utility Measurement. In: Organizational Behavior and Human Decision Processes 60, Heft 4, S. 306–325.

EDWARDS, W. und J. R. NEWMAN (1982): Multiattribute Evaluation. Newbury Park: Sage.

EINHORN, H. J. und R. M. HOGARTH (1975): Unit Weighting Schemes for Decision Making. In: Organizational Behavior and Human Performance 13, S. 171–192.

EISELT, H. A.; C. L. SANDBLOM und N. JAIN (1998): A Spatial Criterion as Decision Aid for Capital Projects: Locating a Sewage Treatment Plant in Halifax, Nova Scotia. In: The Journal of the Operational Research Society 49, Heft 1, S. 23–27.

ESCOBAR, M. T.; J. AGUARON und J. M. MORENO-JIMENEZ (2004): A Note on AHP Group Consistency for the Row Geometric Mean Priorization Procedure. In: European Journal of Operational Research 153, Heft 2, S. 318–322.

EUL-BISCHOFF, M. (1989): Planungsproblem. In: Szyperski, N. und U. Winand (Hrsg.): Handwörterbuch der Planung (= Enzyklopädie der Betriebswirtschaftslehre. Band 9). Stuttgart: Poeschel, S. 1469–1477.

FELDERER, B. und S. HOMBURG (1985): Makroökonomik und neue Makroökonomik. 2. Auflage. Berlin/Heidelberg/New York: Springer.

FIGUEIRA, J.; V. MOUSSEAU und B. ROY (2005): ELECTRE Methods. In: Ehrgott, M.; S. Greco und J. Figueira (Hrsg.): Multiple Criteria Decision Analysis: State of the Art Surveys. Berlin/Heidelberg/New York: Springer, S. 133–162.

FINAN, J. S. und W. J. HURLEY (2002): The Analytic Hierarchy Process: Can Wash Criteria be Ignored? In: Computers & Operations Research 29, Heft 8, S. 1025–1030.

FISCHER, G. W. (1989): Prescriptive Decision Science: Problems and Opportunities. In: Annals of Operations Research 19, S. 489–497.

FISCHER, G. W.; N. DAMODARAN; K. B. LASKEY und D. LINCOLN (1987): Preferences for Proxy Attributes. In: Management Science 33, Heft 2, S. 198–214.

FISHBURN, P. C. (1974): Lexicographic Orders, Utilities and Decision Rules: A Survey. In: Management Science 20, Heft 11, S. 1442–1471.

FRENCH, S. und D. RIOS-INSUA (2000): Statistical Decision Theory. London: Arnold.

FRENCH, S. und D. L. XU (2005): Comparison Study of Multi-attribute Decision Analytic Software. In: Journal of Multi-Criteria Decision Analysis 13, Heft 2–3, S. 65–80.

GÄLWEILER, A. (1986): Unternehmensplanung. Grundlagen und Praxis. Frankfurt a. M.: Campus.

GRÜNIG, R. und R. KÜHN (2006): Entscheidungsverfahren für komplexe Probleme. 2. Auflage. Berlin/Heidelberg/New York: Springer.

GUITOUNI, A. und J. M. MARTEL (1998): Tentative Guidelines to Help Choosing an Appropriate MCDA Method. In: European Journal of Operational Research 109, Heft 2, S. 501–521.

HAIGH, R. W. (1989): Investment Strategies and the Plant-Location Decision: Foreign Companies in the United States. New York: Praeger.

HAMMOND, J. S.; R. L. KEENEY und H. RAIFFA (1999): Smart Choices: A Practical Guide to Making Better Decisions. Boston: Harvard Business School.

HANISCH, J. (1998): Planungstheorie, Planungs- und Entscheidungsmethodik. VWF: Berlin.

HARVEY, C. M. (1991): Models of Tradeoffs in a Hierarchical Structure of Objectives. In: Management Science 37, Heft 8, S.1030–1042.

HEINEN, E. (1976): Grundlagen betriebswirtschaftlicher Entscheidungen. Das Zielsystem der Unternehmung. 3. Auflage. Wiesbaden: Gabler.

HEINEN, E. (1986): Einführung in die Betriebswirtschaftslehre. 9. Auflage. Wiesbaden: Gabler.

HELLMIG, G. (1991): Betriebliche Standortplanung – Teil 1. In: Das Wirtschaftsstudium 20, Heft 1, S. 35–37.

HOKKANEN, J. und P. SALMINEN (1997): Locating a Waste Treatment Facility by Multicriteria Analysis. In: Journal of Multi-Criteria Decision Analysis 6, Heft 3, S. 175–184.

HOMBURG, C. und A. GIERING (1996): Konzeptualisierung und Operationalisierung komplexer Konstrukte. In: Marketing ZFP 18, Heft 1, S. 5–24.

HONERT, R. C. VAN DEN (2001) Decisional Power in Group Decision Making: A Note on the Allocation of Group Members' Weights in the Multiplicative AHP and SMART. In: Group Decision and Negotiation 10, Heft 3, S. 275–286.

HORSKY, D. und M. R. RAO (1984): Estimation of Attribute Weight from Preference Comparisons. In: Management Science 30, Heft 7, S. 801–822.

HWANG, C.L und K. YOON (1981): Multiple Attribute Decision Making: Methods and Applications. A State-of-the-Art Survey. Berlin/Heidelberg/New York: Springer.

ISHIZAKA, A. und M. LUSTI (2006): How to Derive Priorities in AHP: A Comparative Study. In: Central European Journal of Operational Research 14, Heft 4, S. 387–400.

ITTERSUM, K. VAN; J. M. E. PENNINGS; B. VAN WANSINK und H. C. M. TRIJP (2007): The Validity of Attribute-Importance Measurement: A Review. In: Journal of Business Research. (zum Zeitpunkt der Recherche in Druck, seit 7.4.2007 online verfügbar).

JIA, J.; G. W. FISCHER und J. S. DYER (1998): Attribute Weighting Methods and Decision Quality in the Presence of Response Error: A Simulation Study. In: Journal of Behavioral Decision Making 11, Heft 2, S. 85–105.

KAISER, K. H. (1989): Standortplanung. In: Szyperski, N. und U. Winand (Hrsg.): Handwörterbuch der Planung (= Enzyklopädie der Betriebswirtschaftslehre. Band 9). Stuttgart: Poeschel, S. 1839–1849.

KAMPERMANN, M. T. (2003): Die Standortentscheidung des BMW-Konzerns für Leipzig – Suchprozess, Standortfaktoren und Entscheidungsgründe (= Arbeitspapiere zur Gewerbeplanung. Band 7). Dortmund: Univ.

KEENEY, R. L. (1972): Utility Functions for Multiattributed Consequences. In: Management Science 18, Heft 5, S. 276–287.

KEENEY, R. L. (1974): Multiplicative Utility Functions. In: Operations Research 22, Heft 1, S. 22–34.

KEENEY, R. L. (1975): Examining Corporate Policy Using Multiattribute Utility Analysis. In: Sloan Management Review 17, Heft 1, S. 62–76.

KEENEY, R. L. (1988): Structuring Objectives for Problems of Public Interest. In: Operations Research 36, Heft 3, S. 396–405.

KEENEY, R. L. und H. RAIFFA (1976): Decisions with Multiple Objectives. New York: Wiley.

KEPNER, C. H. und B. B. TREGOE (1965): The New Rational Manager: A Systematic Approach to Problem Solving and Decision Making 2. Auflage. New York: McGraw-Hill.

KEPNER, C. H. und B. B. TREGOE (1976): The New Rational Manager: A Systematic Approach to Problem Solving and Decision Making 2. Auflage. Princeton: Univ.

KRALLMANN, H. (1989): Aggregation und Disaggregation. In: Szyperski, N. und U. Winand (Hrsg.): Handwörterbuch der Planung (= Enzyklopädie der Betriebswirtschaftslehre. Band 9). Stuttgart: Poeschel, S. 8–14.

LAUX, H. (2003): Entscheidungstheorie. 5. Auflage. Berlin/Heidelberg/New York: Springer.

LEE, S. M. (1972): Goal Programming for Decision analysis. Philadelphia: Auerbach.

LEE, S. M. und L. J. MOORE (1975): Introduction to Decision Science. New York: Petrocelli-Charter.

LESKINEN, P. (2000): Measurement Scales and Scale Independence in the Analytic Hierarchy Process. In: Journal of Multi-Criteria Decision Analysis 9, Heft 4, S. 163–174.

LIBERATORE, M. J. (1987): An Extension of the Analytical Hierarchy Process for Industrial R&D Project Selection and Resource Allocation. In: IEEE Transactions on Engineering Management 34, Heft 1, S. 12–18.

LIBERATORE, M. J. und R. L. NYDICK (2004): Wash Criteria and the Analytic Hierarchy Process. In: Computers and Operations Research 31, Heft 6, S. 889–892.

LIBERATORE, M. J. und P. M. SANCHEZ (1992): The Evaluation of Research Papers (Or How to Get an Academic Committee Agree on Something). In: Interfaces 22, Heft 2, S. 92–100.

LIFKA, S. (2009): Entscheidungsanalysen in der Immobilienwirtschaft. München: Utz.

LILLICH, L. (1992): Nutzwertverfahren. Heidelberg/Wien: Physica.

LIMAYEM, F. und B. YANNOU (2007): Selective Assessment of Judgmental Inconsistencies in Pairwise Comparisons for Group Decision Rating. In: Computers and Operations Research 34, Heft 6, S. 1824–1841.

LOOTSMA, F. A. (1993): Scale Sensitivity in the Multiplicative AHP and SMART. In: Journal of Multi-Criteria Decision Analysis 2, Heft 2, S. 87–110.

LÜDER, K. (1990): Standortwahl: Verfahren zur Planung betrieblicher und innerbetrieblicher Standorte. In: Jacob, H. (Hrsg.): Industriebetriebslehre. 4. Auflage. Wiesbaden: Gabler, S. 25–100.

MAIER, K. M. (1999): Risikomanagement im Immobilienwesen. Frankfurt a. M.: Knapp.

MALCZEWSKI, J. (1999): GIS and Multicriteria Decision Analysis. New York: Wiley.

MARTEL, J. M. und B. MATARAZZO (2005): Other Outranking Approaches. In: Ehrgott, M.; S. Greco und J. Figueira (Hrsg.): Multiple Criteria Decision Analysis: State of the Art Surveys. Berlin/Heidelberg/New York: Springer, S. 197–262.

MILLER, G. A. (1956): The Magical Number Seven, Plus or Minus Two: Limits on our Capacity for Processing Information. In: Psychological Review 63, Heft 2, S. 81–97.

MONGEAU, P. A. und M. C. MORR (1999): Reconsidering Brainstorming. In: Group Facilitation: A Research and Applications Journal 1, Heft 1, S. 14–21.

MOUSSEAU, V.; R. SLOWINSKI und P. ZIELNIEWICZ (2000): A User-oriented Implementation of the ELECTRE TRI Method Integrating Preference Elicitation Support. In: Computers & Operations Research 27, Heft 7, S. 757–777.

MUNCKE, G. (1996): Standort- und Marktanalysen in der Immobilienwirtschaft – Ziele Gegenstand, methodische Grundlagen, Datenbasis und Informationslücken. In: Schulte, K. W. (Hrsg.): Handbuch Immobilien-Projektentwicklung. Köln: Müller, S. 101–164.

NEUMANN, J. VON und O. MORGENSTERN (1944): The Theory of Games and Economic Behavior. Princeton. New York: Princeton Univ.

OLSON, D. L. (1996): Decision Aids for Selection Problems. Berlin/Heidelberg/New York: Springer.

OLSON, D. L. (2001): Comparison of Three Multicriteria Methods to Predict Known Outcomes. In: European Journal of Operational Research 130, Heft 3, S. 576–587.

OLSON, D. L. (2004): Comparison of Weights in TOPSIS Models. In: Mathematical and Computer Modelling 40, Heft 7–8, S. 721–727.

OSBORN, A. F. (1948): Your Creative Power. How to Use Imagination. New York: Scribner.

OSBORN, A. F. (1957): Applied Imagination: Principles and Procedures of Creative Problem Solving. 2. Auflage. New York: Scribner.

OSSADNIK, W. (1998): Mehrzielorientiertes strategisches Controlling: methodische Grundlagen und Fallstudien zum führungsunterstützenden Einsatz des Analytischen Hierarchie-Prozesses. Heidelberg/Wien: Physica.

PARREIRAS, R. O. und J. A. VASCONCELOS (2007): A Multiplicative Version of Promethee II Applied to Multiobjective Optimization Problems. In: European Journal of Operational Research 183, Heft 2, S. 729–740.

PARTOVI, F. Y. (2006): An Analytic Model for Locating Facilities Strategically. In: Omega 34, Heft 1, S. 41–55.

PINIEK, S. (2007): SWOT-Analyse: Modell zur kleinräumigen Quartiersanalyse? Vortrag beim 8. Treffen AG MikroWoB, 22. Februar 2007, Dortmund. URL: http://www.komwob.de/arbeitsgruppen/mikrowob/AG_MikroWoB_8_BeitragUniBochum.pdf. Abrufdatum: 7.6.2007.

PÖYHÖNEN, M. (1998): On Attribute Weighting in Value Trees (= Systems Analysis Laboratory Research Report. Band A73). Helsinki: University on Technology.

PRIERMEIER, T. (2006): Fundamentale Analyse in der Praxis. Kennzahlen, Strategien, Praxisbeispiele. München: Finanzbuchverlag.

RAIFFA, H. (1968): Decision Analysis: Introductory Lectures on Choices Under Uncertainty. Reading: Addison-Wesley.

RAIFFA, H. (1969): Preferences for Multi-Attributed Alternatives (= Memorandum RM-5868-DOT/RC). Santa Monica: Rand Corporation.

RAO, J. S. und M. SOBEL (1980): Incomplete Dirichlet Integrals with Applications to Ordered Uniform Spacings. In: Journal of Multivariate Analysis 10, S. 603–610.

RAPOPORT, A. (1985): Thinking about Home Environments – A Conceptual Framework. In: Altman, I. und C. Werner (Hrsg.): Home Environments (= Human Behavior and Environments. Band 9). New York/London: Plenum, S. 255–286.

ROY, B. (1968): Classement et Choix en Présence de Points de Vue Multiples: La Méthode ELECTRE. In: Revue Francaise d'Informatique et de Recherche Operationnelle 8, Heft 2, S. 57–75.

ROY, B. (1990): The Outranking Approach and the Foundations of ELECTRE Methods. In: Bana e Costa, C. (Hrsg.): Readings in Multiple Criteria Decision Aid. Berlin/Heidelberg/New York/Tokyo: Springer, S. 155–183.

ROY, B. und V. MOUSSEAU (1996): A Theoretical Framework for Analysing the Notion of Relative Importance of Criteria. In: Journal of Multi-Criteria Decision Analysis 5, Heft 2, S. 145–159.

SAATY, T. L. (1977): A Scaling Method for Priorities in Hierarchical Structures. In: Journal of Mathematical Psychology 15, Heft 3, S. 234–281.

SAATY, T. L. (1980): The Analytical Hierarchical Process. New York: Wiley.

SAATY, T. L. (1986a): Absolute and Relative Measurement with the AHP. The Most Livable Cities in the United States. In: Socio-Economic Planning Sciences 20, Heft 6, S. 327–331.

SAATY, T. L. (1986b): Axiomatic Foundation of the Analytic Hierarchy Process. In: Management Science 32, Heft 7, S. 841–855.

SAATY, T. L. (1990): Decision Making for Leaders. The Analytic Hierarchy Process for Decisions in a Complex World 2. Auflage. Pittsburgh: RWS.

SAATY, T. L. (1994): Fundamentals of Decision Making and Priority Theory with the Analytic Hierarchy Process. Pittsburgh: RWS.

SAATY, T. L. (2001): The Seven Pillars of the Analytic Hierarchy Process. In: Koksalan, M. und S. Zuionts (Hrsg.): Multiple Criteria Decision Making in the New Millenium: Proceedings of the Fifteenth International Conference on Multiple Criteria Decision Making, 10.–14. Juli 2000. in Ankara, Turkey. Berlin/Heidelberg/New York: Springer, S. 15–37.

SAATY, T. L. (2003): Decision-Making with the AHP: Why is the Principal Eigenvector Necessary? In: European Journal of Operational Research 145, Heft 1, S. 85–91.

SAATY, T. L. und L. G. VARGAS (1984): Comparison of Eigenvalue, Logarithmic Least Squares and Least Squares Methods in Estimating Ratios. In: Mathematical Modelling 5, Heft 2, S. 309–324.

SAATY, T. L. und L. G. VARGAS (2001): Models, Methods, Concepts and Application of the Analytic Hierarchy Process. Boston/Dordrecht: Kluwer.

SALMINEN, P.; J. HOKKANEN und R. LAHDELMA (1998): Comparing Multicriteria Methods in the Context of Environmental Problems. In: European Journal of Operational Research 104, Heft 3, S. 485–496.

SALO, A. A. und R. P. HÄMÄLÄINEN (1997): On the Measurement of Preferences in the Analytic Hierarchy Process. In: Journal of Multi-Criteria Decision Analysis 6, Heft 6, S. 309–319.

SALTELLI, A.; S. TARANTOLA und F. CAMPOLONGO (2000): Sensitivity Analysis as an Ingredient of Modeling. In: Statistical Science 15, Heft 4, S. 377–395.

SCHMENNER, R. W. (1982): Making Business Location Decisions. Englewood Cliffs: Prentice Hall.

SSCHNEEWEIß, C. (1991): Planung: 1. Systemanalytische und entscheidungstheoretische Grundlagen. Berlin/Heidelberg/New York: Springer.

SCHNIEDERJANS, M. J.; J. J. HOFFMAN und G. S. SIRMANS (1995): Using Goal Programming and the Analytic Hierarchy Process in House Selection. In: Journal of Real Estate Finance and Economics 11, Heft 2, S. 167–176.

SCHOLLES, F. (2005): Bewertungs- und Entscheidungsmethoden. In: ARL (Hrsg.): Handwörterbuch der Raumordnung. 4. Auflage. Hannover: ARL, S. 97–106.

SIMON, H. und A. VON DER GATHEN (2002): Das große Handbuch der Strategieinstrumente. Frankfurt: Campus.

SMITH, G. F. (1988): Towards a Heuristic Theory of Problem Structuring. In: Management Science 34, Heft 12, S. 1489–1506.

SMITH, J. E. und D. VON WINTERFELDT (2004): Decision Analysis in Management Science. In: Management Science 50, Heft 5, S. 561–574.

SRIVASTAVA, J.; T. CONNOLLY und L. R. BEACH (1995): Do Ranks Suffice? A Comparison of Alternative

Weighting Approaches in Value Elicitation. In: Organizational Behavior and Human Decision Processes 63, Heft 1, S. 112–116.

STAM, A. und A. P. DUARTE SILVA (2003): On Multiplicative Priority Rating Methods for the AHP. In: European Journal of Operational Research, Volume 145, Heft 1, S. 92–108.

STEVENS, S. S. (1946): On the Theory of Scales of Measurement. In: Science 103, Heft 2684, S. 677–680.

STILLWELL, W. G.; D. A. SEAVER und W. EDWARDS (1981): A Comparison of Weight Approximation Techniques in Multiattributive Utility Decision Making. In: Organizational Bevahiour and Human Performance 28, Heft 1, S. 62–77.

STRUNZ, H. (1989): Entscheidungstabellentechnik. In: Szyperski, N. und U. Winand (Hrsg.): Handwörterbuch der Planung (= Enzyklopädie der Betriebswirtschaftslehre. Band 9). Stuttgart: Poeschel, S. 383–389.

TAM, M. C. und V. M. RAO TUMMALA (2001): An Application of the AHP in Vendor Selection of a Telecommunications System. In: Omega 29, Heft 2, S. 171–182.

THOMAS, H. (1984): Strategic Decision Analysis: Applied Decision Analysis and Its Role in the Strategic Management Process. In: Strategic Management Journal 5, Heft 2, S. 139–156.

THRALL, G. I. (2002): Business Geography and New Real Estate Market Analysis. Oxford: Univ.

TIMMERMANS, D. und C. VLEK (1992): Multi-Attribute Decision Support and Complexity: An Evaluation and Process Analysis of Aided Versus Unaided Decision Making. In: Acta Psychologica 80, S. 49–65.

TRIANTAPHYLLOU, E. (1999): Reduction of Pairwise Comparisons in Decision Making via a Duality Approach. In: Journal of Multi-Criteria Decision Analysis 8, S. 299–310.

TRIANTAPHYLLOU, E. (2000): Multi-Criteria Decision Making Methods: A Comparative Study. Boston/Dordrecht: Kluwer.

TRIANTAPHYLLOU, E. (2001): Two New Cases of Rank Reversals when the AHP and Some of its Additive Variants are Used that do not Occur with the Multiplicative AHP. In: Journal of Multi-Criteria Decision Analysis 10, Heft 1, S. 11–25.

TSOUKIÀS, A. (2007): On the Concept of Decision Aiding Process: An Operational Perspective. In: Annals of Operations Research 154, Heft 1, S. 3–27.

TVERSKY, A. (1972a): Elimination by Aspects: A Theory of Choice. In: Psychological Review 79, Heft 4, S. 281–299.

TVERSKY, A. (1972b): Choice by Elimination, In: Journal of Mathematical Psychology 9, Heft 4, S. 341–367.

VAIDYA, O. S. and S. KUMAR (2006): Analytic Hierarchy Process: An Overview of Applications. In: European Journal of Operational Research 169, Heft 1, S. 1–29.

WANG, M. S. und J. S. YANG (1998): A Multi-Criterion Experimental Comparison of Three Multiattribute Weight Measurement Methods. In: Journal of Multi-Criteria Decision Analysis 7, Heft 6, S. 340–350.

WEBER, K. (1993): Mehrkriterielle Entscheidungen. München/Wien: Oldenbourg.

WEBER, M.; J. KRAHNEN und A. WEBER (1995): Scoring-Verfahren – häufige Anwendungsfehler und ihre Vermeidung. In: Der Betrieb 48, Heft 33, S. 1621–1626.

WEIHRICH, H. (1990): The TOWS Matrix – A Tool for Situational Analysis. In: Dyson, R. G. (Hrsg.): Strategic Planning-Models and Analytical Techniques. New York: Wiley, S. 17–36.

WILDEMANN, H. (1989): Kepner/Tregoe-Technik. In: Szyperski, N. und U. Winand (Hrsg.): Handwörterbuch der Planung (= Enzyklopädie der Betriebswirtschaftslehre. Band 9). Stuttgart: Poeschel, S. 820–827.

WINTERFELDT, D. VON (1999): On the Relevance of Behavioral Decision Research for Decision Analysis. In: Shanteau, J.; B. A. Mellers und D. A. Schum (Hrsg.): Decision Science and Technology: Reflections on the Contributions of Ward Edwards. Boston/Dordrecht: Kluwer, S. 133–154.

WINTERFELDT, D. VON und W. EDWARDS (1986): Decision Analysis and Behavioral Research. Cambridge: Univ.

WOLTERS, W. T. und MARESCHAL, B. (1995): Novel Types of Sensitivity Analysis for Additive MCDM Methods. In: European Journal of Operational Research 81, Heft 2, S. 281–290.

YEH, C. H.; R. J. WILLIS; H. DENG und H. PAN (1999): Task-Oriented Weighting in Multi-Criteria Analysis. In: European Journal of Operational Research 119, Heft 1, S. 130–146.

YOON, K. P. und C. L. HWANG (1995): Multiple Attribute Decision Making: An Introduction. Newbury Park: Sage.

ZANGEMEISTER, C. (1973): Nutzwertanalyse in der Systemtechnik. München: Wittmansche Buchhandlung.

ZESHUI, X. und W. CUIPING (1999): A Consistency Improving Method in the Analytic Hierarchy Process. In: European Journal of Operational Research 116, Heft 2, S. 443–449.

ZHU, S. H. und N. H. ANDERSON (1991): Self-Estimation of Weight Parameters in Multiattribute Analysis. In: Organizational Behavior and Human Decision Processes 48, Heft 1, S. 36–45.

ZIMMERMANN, H. J. und L. GUTSCHE (1991): Multi-Criteria-Analyse: Einführung in die Theorie der Entscheidungen bei Mehrfachzielsetzungen. Berlin/Heidelberg/New York: Springer.

ZWICKY, F. (1966): Entdecken, Erfinden, Forschen im morphologischen Weltbild. München: Knaur.

Register